1平米的私家菜园

最新修订版

（日）藤田智 著　管婧 译

江苏凤凰科学技术出版社　凤凰含章

目录

Chapter 1 / 春季种植的要点

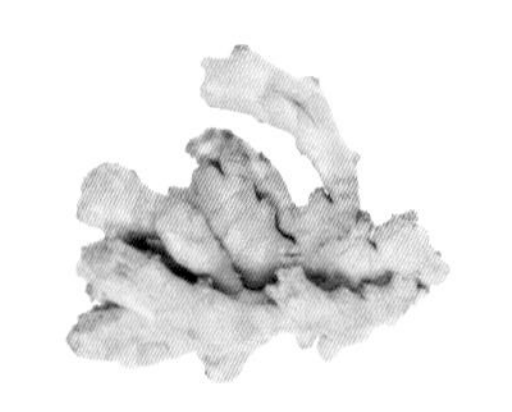

Chapter 2 / 秋季种植的要点

附录

前言

藤田智

惠泉女学园大学园艺文化研究所准教授，NHK“趣味之园艺”的讲师（注：NHK为日本最大电视台之一）。他生于秋田县，以学生和社会白领为对象进行蔬菜栽培技术的指导，同时作为蔬菜专家活跃于电视和广播。最为崇拜的人是宫泽贤治。著作有《别册 NHK 趣味之园艺在我家一角种植可口的蔬菜》等。

蔬菜种植迎来了一个高峰期。市民农园的应募者数目比例激增，虽然不至于10年才能当选，但有很多人做梦都期待着能在田地中种种蔬菜，以此调节紧张的工作。

2005年11月，NHK在综合放送“附近的潜力”中以“在何处种植蔬菜”为题进行了播放，对于在市民农园的抽选中落选的各位，关于在何处种植蔬菜，设定了三个选项进行评选。调查中最理想的种植地为花盆菜园。在“三步即可走到的蔬菜田园”等引人注目的广告词中，番茄、茄子、黄瓜、青椒、萝卜、菠菜、青菜等都被当作可以栽培的蔬菜。“那么负责这项工作的是谁呢？”那个人就是我。作为所谓的蔬菜种植专家，我向观众介绍了盆栽的魅力，并且幽默诙谐地对草莓、

番茄、黄瓜、茄子等的栽培进行了解说。其次理想的栽培地为市民农园（骑自行车约 10 分钟的蔬菜田园），最后为观赏性蔬菜田园。关于三种蔬菜种植基地的解说完了之后，分数最高的是得到 90% 观众支持的花盆菜园。支持花盆菜园的理由有以下几点：①可以轻松地开始；②我也可以做到；③菜园就在身边，非常感动；④浇水等管理方便；⑤没有田地；⑥靠近厨房，非常便利。确实如此，即使没有田地，没有庭院，只要拥有花盆就可以种植蔬菜了。

从 2003 年 4 月开始的一年期间，NHK 文化中心町田教室以“盆栽的喜悦”为题，分为 4 期，对蔬菜种植进行了演讲，听讲者约有 10 人，均为中年妇女，现场气氛非常活跃，但是比较令人遗憾的是几乎没有介绍盆栽蔬菜的教材，虽然根据田地中种植的实际例子列出了要点，但是实际的讲解仍很艰难。这种情况下，在与 NHK 导演谈及 NHK 出版《心得杂志乐享盆栽菜园》的话题并得到同意后，从一年前开始了教材图片的拍摄。这次的拍摄，没有工作人员、编辑、摄影师的帮助是无法完成的。在本书出版之际，向他们表达我衷心的感谢。2005 年 4 ~ 5 月，9 ~ 10 月，节目在一片好评声中结束了。节目播出后引起了强烈的反响，重播两次，教材书籍化的要求也越来越迫切。

此后，2007 年 3 月，迎来了高出生率时期的退休高潮，一年之内 200 万的退休人员打发闲暇时间的方法之一的蔬菜种植突然受到人们的关注，不愧被称为蔬菜的时代。首先让我们从盆栽蔬菜开始种植吧。若有不明白的地方，可以参照本书。其中涉及的所有的解说，所有的图片和插图，都承载了一年中我的热情。希望可以与蔬菜栽培初学者一起感受付出的汗水与收获时的喜悦之情。

让我们开始盆栽种植吧

1 盆栽的要点

可以很轻松地开始盆栽蔬菜，但是要想熟练地栽培，有几点需要特别注意的事项。很好地了解了这些，适用于火锅、炒菜的新鲜时蔬就可以端上饭桌了。

①在日照充足、通风良好的地方栽培

蔬菜成功栽培的第一要点就是要选择日照充足、通风良好的环境进行栽培。盆栽的好处就在于移动方便。也就是说可以移动到任何地方，来追寻充足的阳光和良好的通风环境。可以在阳台、门廊、玄关处、露台、庭院、屋顶等自己喜欢的地方种植。容器放置在阳光充足的地方，这是基本的要求。但是，在半阴凉处，像菠菜、小松菜、茼蒿等蔬菜也可正常生长。芹菜在日照条件恶劣处也可种植。根据容器放置处的日照情况选择种植的种类，可以收到意想不到的惊喜。

②表土变干时要浇水，要勤施肥

当种植或移植结束后，浇水和施肥是很重要的一点。因此，选择浇水方便的场所也是必要的。每次浇水时往返于1层和2层之间也是一种很不错的运动。选择用水方便的场所在管理上也是非常便捷。浇水的基本原则：当表土干燥时，浇足量的水分；当表土还处于湿润的状况时，不要浇水。曾听说过“移植后的幼苗容易干燥，一天要浇3次水”，这是非常错误的，这样做很容易引起根部腐烂。过量浇水，土壤中的空气会从底部涌上来，根部处于缺氧的状态而无法呼吸，从而导致根部腐烂。因此要严格遵守浇水的规则。

此外，由于容器所能容纳的土壤量有限，肥料会随着水分流失，造成营养不良。因此，追肥也是非常重要的作业。观察蔬菜的生长状况，勤追施化肥，用500倍浓度的液体肥料进行补给，可以帮助其生长。

③注意选择合适的栽培期

蔬菜的播种和移植都有其合适的时期。只有感受到季节的风情进行栽培，才能享受家庭菜园、花盆菜园带来的乐趣。遵守各种类型蔬菜种植的栽培表、各地域的适期，才能够收获丰硕的果实。

2 容器的种类和必要的用具、器材

①容器的种类

培育植物的容器总称为“花盆”。根据制作花盆的素材，有素烧盆、塑料花盆、木质花盆、金属花盆、混凝土花盆等，根据花盆的形状，有长方形、正方形、圆形等多种类型。要考虑到其外表设计、重量、价格来进行选择。塑料花盆重量轻，所以适用于下半部分较弱的植物。但是，比起花盆的素材来说，其大小更为重要。

花盆可分为小型花盆（可以容纳 5 ~ 8 升土壤的型号），标准型号（可容纳 10 ~ 15 升土壤的型号），大型花盆（可以容纳 25 ~ 30 升以上土壤的型号），大型深型花盆（10 号花盆等大型花盆，且深度在 30 厘米以上的型号）等。蔬菜的种类不同，适合的花盆的大小也不同。土壤的量越多越有利于植物的生长，但是阳台等放置场所空间有限，应在决定了种植何种植物之后，再选择大小适合的花盆。

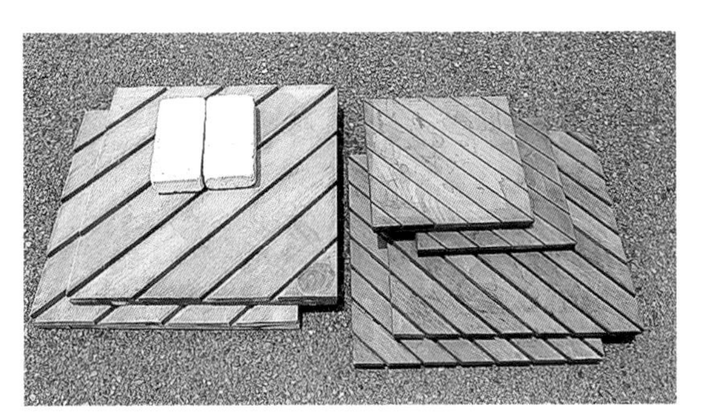

▲ 如果可以找到帘子或砖块等物品，将更方便盆栽植物的放置。

▲ 每10升土壤宜追施一纸袋（约10克）化肥。

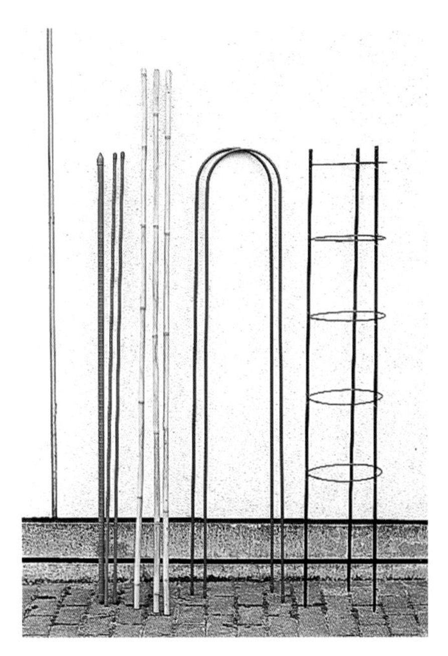

▲ 支架也有很多类形。

②必要的用具、器材

盆栽必要的用具有移植用小铁铲、剪刀、筛子、钵底石、支架、绳子、网、喷壶、培养土、化肥、液体化肥、石灰、钵底网等。根据所培育蔬菜的种类进行准备。

▲选择使用方便的修剪剪刀。

▲麻绳和铁丝。

3 土壤的选择和混合

①选择排水性和透气性好的培养土

盆栽和田地、庭院栽培的区别在于土壤的容量有限。因此，最需要注意的就是使用的培养土的排水性和透气性。

盆栽的成功与否，关键在于土壤是否与种植的蔬菜相匹配。挑战盆栽的初学者可以直接从商店购买培养土，还可以搭配腐叶土、堆肥、蛭石等。这样不仅可以使土质松软、肥料充足、PH值适中，还能够直接利用。当然，也可以自制培养土。从园艺店购入材料，从准备土壤开始的“亲手做的园艺”则更加吸引人。

另外，熟练后还可以对已有土壤进行再利用，也有利于环境保护。

根据自己的生活方式和条件选择适合盆栽的土壤。

②蔬菜的种类和土壤的混合

培养土的配制中，最基本的有保水性、保肥性良好的红玉土、黑土、田地里的土壤等基本用土（50% ~ 60%），与排水性和透气性好的堆肥、腐叶土等有机改良土壤混合（30% ~ 40%），蛭石、灰浆、沙等改良用土按10%的比例相配合。用石灰来调整酸（酸碱度调整为6.2 ~ 6.5），养分的补给（底肥）以有机肥料和化肥混合而成。

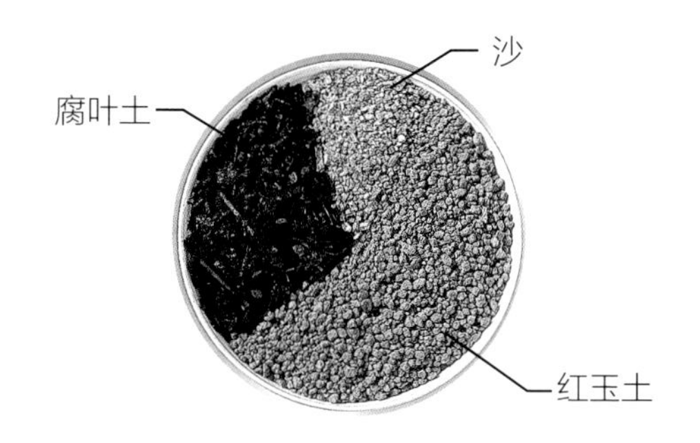

叶菜用混合土壤：红玉土（即日本火山岩土壤）50%～60%,腐叶土30%～40%，此外，再配以10%～20%的蛭石。每升土壤再加以石灰和化肥各1～2克。

根菜用混合土壤：小粒红玉土50%～60%，腐叶土20%～30%，细沙10%～20%混合。每升土壤中放入石灰和化肥各2克。

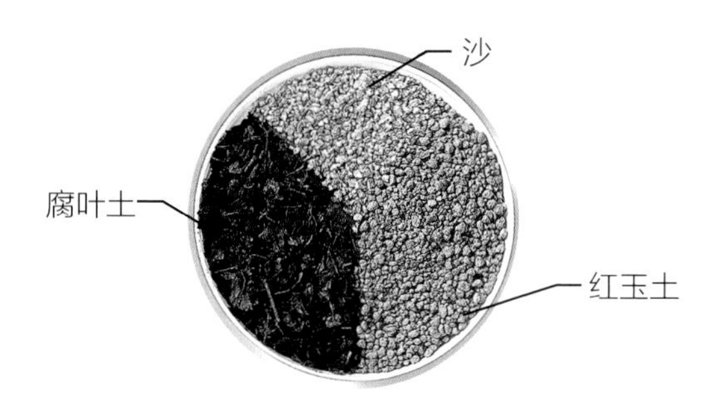

果菜用土壤：红玉土40%～60%，腐叶土30%～40%，蛭石10%～20%混合。每升土壤中放入石灰和化肥各3克。

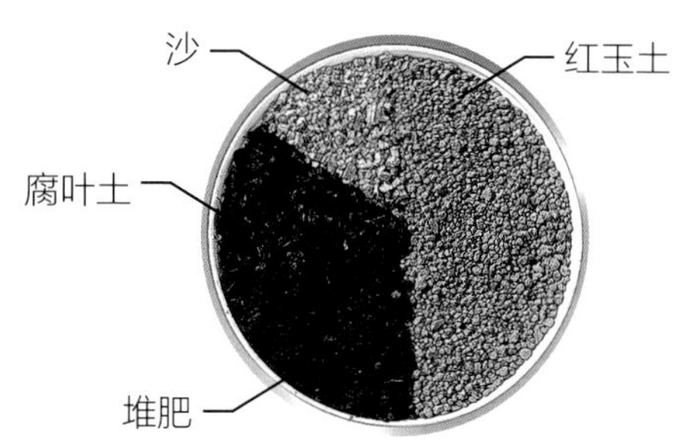

薯类用土壤：红玉土40%～60%，堆肥20%～30%，腐叶土20%～30%，蛭石10%混合。每升土壤中放入石灰和化肥各1克。

4 于肥料的种类和病虫害

①各种肥料

肥料大致可分为以动植物为材料形成的有机肥料和化学工业合成的化肥。

商场销售的有机肥料：包括动物肥料（鱼刺、骨粉、蚯蚓排泄物等）和植物肥料（油渣、米糠等）。二者都是由微生物在土壤中分解后被土壤吸收的，肥效缓慢。有机肥料有改善土壤物理性质的作用，可以作为底肥加以利用。

化学肥料：速效性是其特征。推荐的是氮肥、磷酸、钾肥混合而成的化肥。粒状物，便于追施。N（氮肥）、P（磷酸）、K（钾肥）各15% 的比例混合成 15 ：15 ：15 或各含 8% 的 8 ：8 ：8。液态肥料速效性也很强。可在盆栽中将其稀释 500 倍追施。但是，过量追施化肥会导致根部灼伤或出现只长蔓不膨果的现象。所以不要一次性大量追施，将底肥和追肥分开进行，并根据植物的生长状况阶段性地追施化肥。

蚜虫

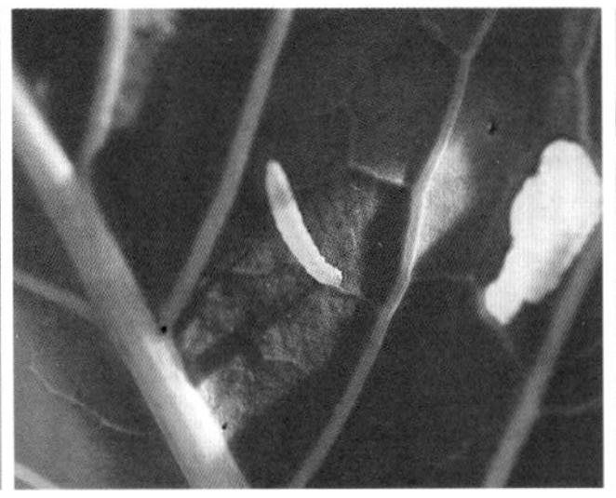

小菜蛾

青虫

②关于疾病和虫害

从秋天到冬天栽培的蔬菜大多属于油菜科，有必要采取措施对抗疾病和虫害。代表的害虫有青虫、小菜蛾、甘蓝夜盗虫、蚜虫等。一旦疏忽，就会出现“叶被咬光，只剩下叶脉，或网状的白菜与卷心菜”，“芯的部分被咬掉，停止生长的萝卜”等。从播种、移植一直到收获都要与病虫害作不懈的斗争。

由于是家庭菜园，每个人都希望种植安全无污染的蔬菜。因此，作为防病虫害的要素，第一要保持良好的通风和排水，努力预防。第二，可使用寒冷纱进行栽培。用物理方法防止害虫的入侵。第三，捕杀害虫并使用安全的药剂。此外，小菜蛾和青虫可使用生物农药 BT 溶剂，蚜虫可使用肥皂水成分的油酸钠溶液，蜱可使用淀粉为主体的淀粉溶液，白粉病可使用碳酸氢钾水溶液等含有天然成分的安全药剂。

在使用普通药剂时，要仔细阅读使用说明书，严格遵守说明书中对适用作物、浓度、次数、喷施时期等的要求，喷施时要戴好口罩、眼镜、手套等防止身体吸收的防护装置。在公寓的阳台上，为了不使药物飞散到附近区域，在强风的天气不要喷施，将可能被污染的物品用乙烯树脂遮盖再进行喷施。

③关于夜间照明

当在阳台或庭院种植金黄色生菜或菠菜时，即使未到收获季节，也会出现抽芯或质量下降等现象。这是由于附近整晚通明的路灯和门灯的影响，使得日照时间增长，而长出花芽。这是容易被忽视的一点，常见于莴苣和菠菜。应选择晚上街上的路灯照射不到的地方种植。

5 蔬菜栽培的难易度

在日本种植的蔬菜共有150多种，但并不是所有的蔬菜都适合盆栽，下面从难易度和选择花盆的大小来简单介绍一下适合盆栽的蔬菜。

栽培方法简单的种类：栽培方法简单的蔬菜主要指从播种（移植）到收获的栽培期较短的植物。菠菜、小松菜、茼蒿、水菜、青菜、莴苣类、大葱、水萝卜、小萝卜、草莓等都是在30～50天即可收获的。这些蔬菜都可以在标准型号的花盆中栽培。

栽培方法较难的种类：生长期较长的瓜果蔬菜属于比较不易栽培的种类。具体有白菜、洋葱、西蓝花、萝卜、蚕豆、豌豆、番茄、黄瓜、茄子、青椒、西瓜、甜瓜、苦瓜等。栽种这些植物需要大型或深度的花盆。例如，萝卜的根部可以长到20厘米以上，使用有深度的花盆或是袋子会有助于其生长。此外，由于生长周期长，要注意经常浇水和施肥。尤其是豌豆、蚕豆、洋葱等越冬后翌年春天才可以收获，但收获胖乎乎的洋葱时的喜悦也是难以忘却的。

● 本书的使用方法 ●

※在播种和移植的时期为大致时期，要根据该年的气候和地域的状况进行调节。

※栽培作业表中的中间地区大约为日本关东地区。关于温暖地区和寒冷地区的时期偏差要分别进行调整。

※收获量为最少目标。栽培条件不同，会有很大差异。

※介绍的品种只是作为举例来说明，可以根据自己的爱好选择品种。

※培养土只是作为一个例子，使用起来很方便，平时使用的土壤也可以。

※在使用药剂和肥料时，要仔细阅读说明书，小心使用。

Chapter 1

春季
种植的要点

春季是种植蔬菜的绝好时期。准备好容器和土壤，仔细挑选幼苗和种子，那么准备开始阳台菜园生活吧。

夏季蔬果的代表——番茄、茄子、黄瓜、西瓜等，这些蔬菜防霜冻能力差，应最好在晚霜影响结束后的 4 月下旬至 5 月中旬种植。而耐寒能力较强的青菜和水萝卜在 3 月下旬至 4 月上旬即可播种。首先要确认各种蔬菜的播种时期。

夏季的蔬菜种植中，切忌缺水。在盛夏的阳光照射下，土壤很容易干燥。此外，还应注意杂草的生长。在肥料和水分充足、日照充分的情况下，杂草生长更为茂盛，所以要每天注意拔掉杂草。一天天精心地照料，就会结出丰硕的果实。

土豆

土豆不仅含有低热量的淀粉，还富含维生素 C、钾、膳食纤维等。它是薯类作物中生长速度最快的植物，90 天即可收获，因而备受人们青睐。

盆栽的要点

从园艺店购入无病虫害的种薯。用于食用的和去年收获的土豆一般感染了病毒，所以不可用作种薯。根据生长状况不断地添加新的土壤是培植土豆的关键点。

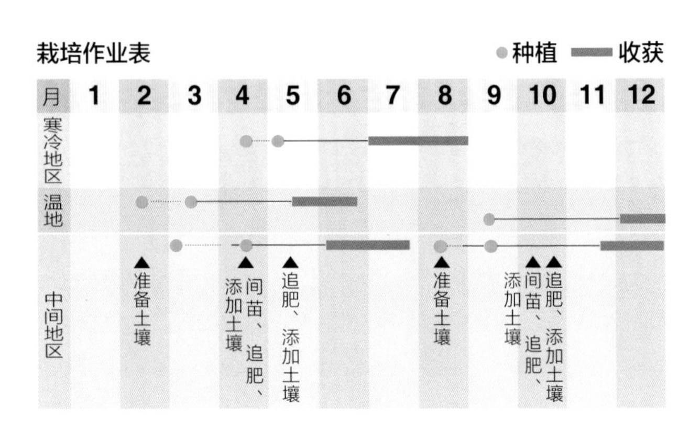

适合栽培的品种

男爵

最普通的土豆，适应范围广，可用于各种料理。

五月皇后

不容易煮散是一大特点，故适用于煨炖菜或炒菜。果实形状微偏长。

北光土豆

富含维生素C，与栗子一样有柔软香甜的感觉，很受人们欢迎。

安第斯红

形状为圆形，表皮为红色，果肉为令人赏心悦目的黄色。

红月亮

最显著的特征就在于其鲜艳的红色表皮。有淡淡的甘甜味，不易煮烂。

印加之觉醒

被称为安第斯的板栗土豆，果肉的颜色为深黄色，适用于糕点制作。

管理的要点

❶ 容器和土壤

较深的大型容器（深约30厘米，容量为25升以上）植入两株。土壤选择薯类用土。

❷ 放置场所

放于日照充足、通风良好的地方。

❸ 浇水

当盆中的土壤表层变干时，要给予充足的水分，但注意不要过量。

❹ 肥料（追肥）

共施肥2次。腋芽摘除（间苗）时与两星期之后的土壤添加时。

❺ 防病虫害

可进行无农药栽培。但当发现叶子或嫩芽上有28星瓢虫或蚜虫时要及时捕捉。

❻ 收获预期

叶子变黄后即可收获。目标为每株400克（4个）左右。

小知识

从安第斯山脉出发的长途旅行

土豆原产于南美洲安第斯山区高地。16 世纪从安第斯山脉传入西班牙。此后在欧洲被广泛食用。1600 年左右经由荷兰船只带入日本。当时装货的地点在印度尼西亚的巴达维亚（现在的雅加达），故被称为“土豆”[土豆的日语名称 jyagaimo 是由地名巴达维亚 jyagaimo 中的 jyaga 与 imo（薯类）合成的。—译者注]。由于其原产于海拔高的地区，因此喜好日照充足、温度低的环境。

Check! 种植

3月上旬至4月上旬

需要准备的物品

1. 种薯，以具有粗壮块茎的为佳。S号的按原样，M号的切成2块，L号的切成三块。

种薯、土壤、钵底石、移植用小铁铲。容器选择较深的大型容器，深度为30厘米左右。

2. 放入钵底石，以盖住钵底的程度为宜。

3. 放入土壤，至花盆的1/2处。

种植

4. 将土壤挖开5厘米左右深的小坑，种入种薯。将芽朝上，用土覆盖。

5. 注入足够的水分，以容器底部渗出水来为宜。在此后，当土壤变干时浇水。

Check! 摘除芽（间苗）

种植后6周

1. 一个种薯可以生长出5～6个嫩芽。种植40～45天之后，留下长得最健壮的一枝，其余的全部用剪刀剪掉。

2. 追施一纸袋化肥（约10克），然后覆盖5厘米左右的土壤，并在根部培土，轻轻摁压。

Check! 追肥和添加土壤

除芽约 2 周后

1. 花开放后再次追施一纸袋化肥。

2. 加入尽量多的土壤，一直到花盆的边沿。

3. 轻轻摁压。

Check! 收获

追肥和添加土壤 4 周后

1. 茎叶变黄之后就可以收获了。

2. 收获时注意不要弄伤土豆。每株可收获3～4个果实。

番茄

只有亲手栽培才可以体会到番茄熟透后的美味。颜色变红后收获的番茄格外香甜，是维生素A和维生素C的宝库。日本有句谚语“番茄红了，医生的脸绿了”，说明番茄具有强大的营养功效。

盆栽的要点

第一批花务必要进行授粉，使其结果。经常摘除腋芽，防止茎叶中营养过剩而导致只长蔓不膨果的现象。要注意适量施肥。

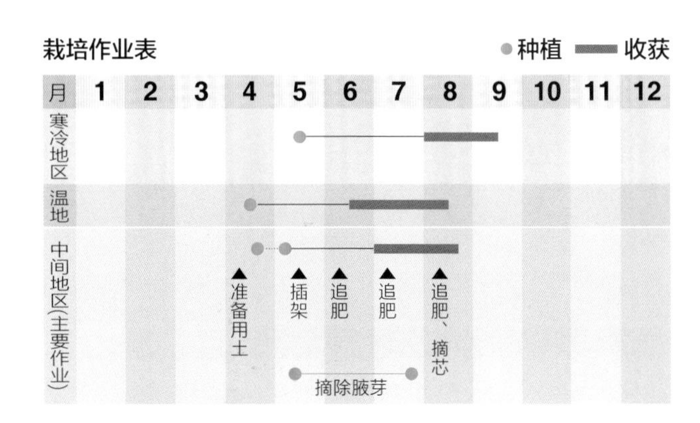

适合栽培的品种

李子形番茄

稍细长的椭圆形的迷你番茄。果肉肥厚，酸味少，甜味多。

番茄国王—丽夏

由于高温而引起的裂果、软果的现象很少。它是营养价值极高的大玉品种。

家庭桃太郎番茄

果实肥大，成熟后味道甘甜。容易坐果，适合家庭栽培。

橘色番茄

重约15克的橘色迷你小番茄。味道香甜且含有丰富的胡萝卜素。

樱桃小番茄（圣女果）

重约13～15克的鲜红的迷你番茄。收获量大，保存时间较长。

甘太郎番茄

抗病虫害能力强，易栽培的完全成熟的番茄，花朵茂盛，可以结出许多甘甜的果实。

管理的要点

❶ 容器和土壤

大型花盆。10号花盆中可栽植一株。土壤选择果菜用土。

❷ 放置环境

放于日照充足、通风良好的地方。

❸ 浇水

在炎热时期，根据干燥程度有时需要每日浇两次水。水分不足会影响果实膨果。

❹ 肥料（追肥）

当第一穗果实长到乒乓球大小时追第一次肥。当第三穗果实长到乒乓球大小时追第二次肥。之后每两周追一次肥。注意钙成分不足会导致果实腐烂。

❺ 防病虫害

要警惕蚜虫和烟草夜蛾的幼虫。一旦发现要马上喷施杀虫剂或进行捕杀。由于番茄易感染晚疫病和叶霉菌病，要喷施铜水合剂来预防。

❻ 收获目标

初次栽培者以3层12个为目标，有经营者以4～5层16～20个为目标（一层可开3～5朵花）。每株的果实重4～5千克。每天早晨收获红彤彤的番茄，享受其带来的美味。

小知识

不同寻常的生命力

狂风大作，番茄幼苗的枝叶被折断了，怎么办呢？即使这样也不必担心，会有腋芽生长出来，使其不断生长。番茄是一种生命力极其顽强的植物，将摘除的腋芽插入土壤中也可以生根。与土豆一样，番茄原产于安第斯山麓，在昼夜温差极大的环境中能茁壮地成长。

移植-插架

4月下旬至5月上旬

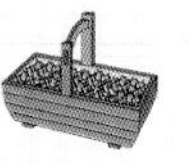

需要准备的物品

1. 幼苗、素烧花盆（10号）、土壤、钵底石、钵底网、移植用小铁铲、支架（2米×3根）、绳子。

2. 在花盆底部放上钵底网。

3. 放入钵底石，以遮盖住网的程度为准。

培育心得 好苗、恶苗

好苗 茎杆粗壮、节间短，花朵开始开放。

恶苗 枝叶稀松，无精打采的幼苗。

嫁接苗 价格稍微有点贵（2~3倍）。但是接在野生砧木上长成的，抗病虫能力强。

➲ 移植时注意不要将嫁接部位埋入土中。

4.摊平钵底石。

5.放入完毕。

6.放入土壤。

7. 浇水时为了蓄积足够的水分，要空留约2厘米的水分空间，放入土壤，并摊平。

移植

8.在花盆的正中央，根据幼苗的大小挖掘出一个坑。

9.用两根手指夹住植株的根部。

10.为了不使育苗钵损坏，要快速拔出。

11. 将幼苗放入移植坑，注意要小心保护幼苗的根系。

12. 在根部培土，用手摁压，防止其摇动。

13. 浇入足量的水。

插架

14. 在花盆边缘立3根支架，将其顶部用绳子缠绕在一起。

15. 在花朵的下方，离地面约10厘米处用绳子呈8字形将幼苗固定在支架上。

16. 为了不使幼苗受损，系绳子时支架处要结实，幼苗处要留有活动的余地。

摘除腋芽

种植后 2 ~ 3 周后

1. 幼苗移植约2周后，长出了小小的果实。

2. 从叶腋处生长出来的定芽即为腋芽。

番茄的激素处理

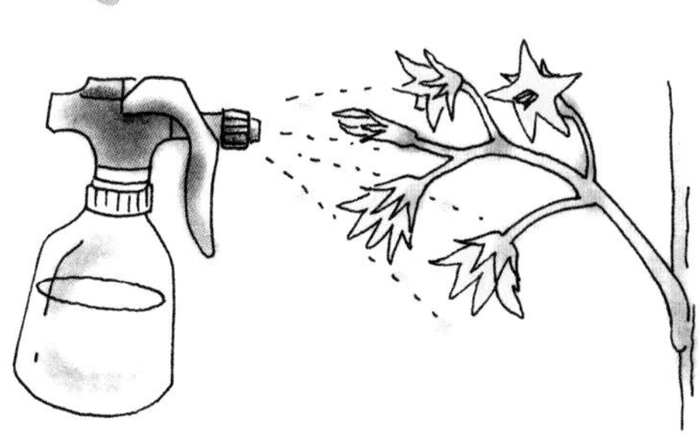

低温期开放的第一批花要使用坐果激素番茄灵来确保其成功坐果。

如果第一穗花坐果失败，会出现只长蔓不结果的现象，所以一定要确保其结果。

如果第二朵之后的花朵坐果不良，要用笔等物品蘸取雌蕊或轻轻摇动开放的花朵。

番茄的一朵花中既有雌蕊又有雄蕊，不必摘取花朵也可进行授粉。

3. 摘除全部腋芽。注意不要损伤其他部位。

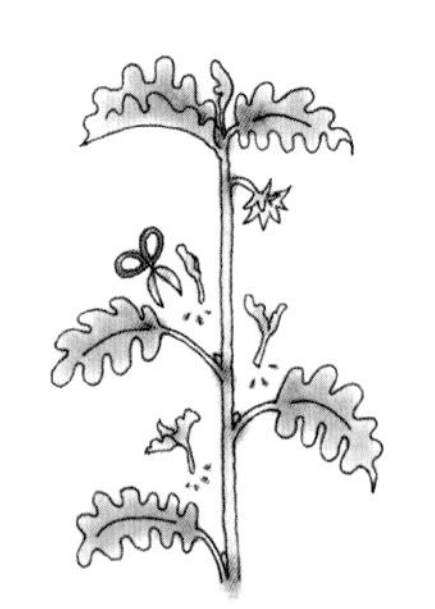

4. 腋芽摘除干净，防止养分分散。
这是种植番茄很重要的一点。在收获之前要经常检查。

5. 将幼苗固定在支架上。固定部位不是靠近花朵的下方，而是叶的下部。

Check! 追肥

腋芽摘除 2 至 3 周后

当第一批果实长到乒乓球大小时追施化肥（约10克）。第二次施肥要等到第三批果实长到乒乓球大小时，以同样的方法施肥。

收获之前

腋芽全部摘除，主株直直地向上生长。以每2周一次的频率追施化肥。此图显示的是幼苗移植约1个月后的生长情况。

收获

幼苗移植后约2个月，果实渐渐成熟，颜色变红后在早晨收获。迷你番茄3个月可以一直享受收获的喜悦。之后的2个月，以收获3~4成为目标。如果植株生长过高，要将生长点摘芯。

切勿用剪直接来处理生病的植株!

如果手边的工具只有剪刀了，那么使用时一定要用酒精先消毒。如果用吸烟的手触摸时，会感染烟草中含有的烟草花叶病毒，从而引发病毒病。因此吸烟的人要先洗手再进行作业。

黄瓜

黄瓜是花开 1 周之后即可结出果实的夏季“快速选手”。从幼苗的移植到收获仅需 1 个月左右。在蔓生植物中属于生长速度最快的。用舌尖品味着新鲜黄瓜刺所带来的刺痛感和水灵灵的鲜嫩感，相信每天的生活都会令我们充满期待。

盆栽的要点

追肥和浇水是重点。在选苗时要尽量选择壮实的嫁接苗。努力搭建支撑的支架和供蔓生植物攀爬的围栏吧！

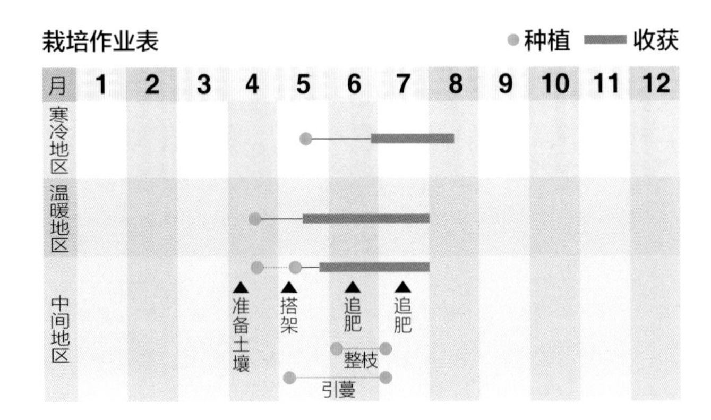

适合栽培的品种

节成梦绿

深绿色，表皮柔软，耐高温，抗病虫害能力强，易栽培。

无刺黄瓜

表面没有小突起，表皮有光泽。口感清脆、爽口。

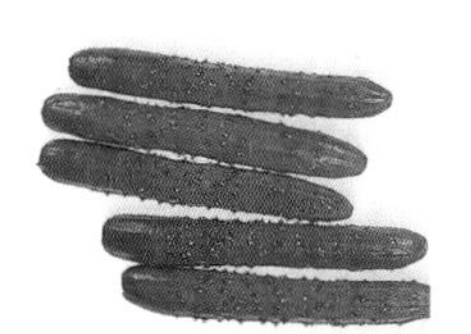

迷你黄瓜

长到12～15厘米时收获为宜。以咬劲和甘甜为特色。

迷你Q

果实长约8厘米的迷你黄瓜，皮薄且有光泽，果肉结实。

四川

口感清脆为其特征，果实长到21～25厘米时收获最佳。

南进

高温干燥期仍可保持浓郁的绿色。有光泽，长22～23厘米。从夏季到秋季均可收获。

管理的要点

❶ 容器和土壤

较深的大型容器（深约30厘米，容量为25升以上）中植入2株，或者10号花盆中植入1株。土壤选择果菜用土。

❷ 放置场所

放于日照充足、通风良好的地方。

❸ 浇水

当盆中的土壤表层变干时，要给予充足的水分，但注意不要过量。

❹ 肥料（追肥）

氮元素缺乏时，易感染霜霉菌，因此每2周要施一次肥。

❺ 防病虫害

梅雨等多雨季节要小心霜霉菌，干燥时期要小心白粉病。可以喷施相应的杀虫剂。蚜虫可以喷施洗衣粉水或肥皂水，瓜叶虫发现后进行捕捉。

❻ 收获预期

第一批、第二批的果实长到15厘米左右时就可尽早摘取。第三批之后要等果实长到18～20厘米时再收获。果实太大会对植株造成负担。目标为每株15～20根。

小知识

原产于喜马拉雅山麓的胡瓜，即黄瓜

黄瓜原产于印度西北部的喜马拉雅山山麓，早期称作“胡瓜”，“胡”字即为西域的意思，是指原产于西部的印度瓜。后因其成熟后表皮的颜色变黄，故从“胡瓜”正式更名为“黄瓜”。

Check! 移植-插架

4月下旬至5月上旬

需要准备的物品

1. 幼苗、大型花盆、土壤、钵底石、移植用小铁铲、支架（2米×4根，60厘米×4根）、绳子。

2. 在大型花盆中放入钵底石，以遮盖住钵底网的程度为宜。

3. 放入培养土，留出约2厘米高度的空间用来浇水。

移植

4. 在使幼苗的叶子不超出容器的位置，根据幼苗的大小挖2个坑。

培育心得 好苗、恶苗

好苗 本叶有4片左右，节距较短，且粗壮，叶子无病虫害。

恶苗 节距较长，叶子颜色枯黄。

嫁接苗 价当与南瓜嫁接时，耐低温能力增强，且收获时期变长，故推荐此方法。价格稍微有点贵，但是抗病虫能力强。移植时注意不要将嫁接部位埋入土中。

5. 用两根手指夹住幼苗，要小心根系,千万不能破损。

6. 以同样的方法将另一株移植入坑内，要注意保护根系，并在根部培土，用力摁压。

两棵都移植完之后，浇入足量的水。

插架

7. 在每棵植株的后面（在不伤害根系的位置）立一根支架。

8. 在2根支架中间处再立2根。

9. 在离土壤表层约30厘米处搭一根横木，用绳子系牢，使之固定。然后再在其上面搭3根横木。

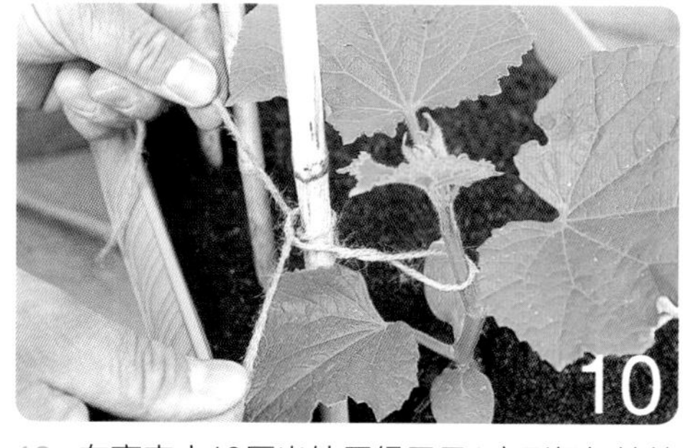

10. 在离表土10厘米处用绳子呈8字形轻轻地缠绕住黄瓜苗茎部。在不伤害幼苗的前提下，系在支架上。注意要使幼苗留有空间。

Check!

摘除侧芽-追肥

幼苗移植后 2 ~ 3 周

引蔓

1.幼苗移植后约2周时间。

雌花 雄花

附着很小的黄瓜。

雄花和雌花的区别——雌花的根部附着很小的黄瓜。

2.黄瓜的雌花和雄花。花开约1周后会结出果实。没有必要特意进行人工授粉。

3.将黄瓜苗直直地向上牵引。如果不牵引会导致通风不畅，易感染白粉病。

4.将从地面到30厘米处（约有5片本叶）的所有腋芽剪切掉。

即从下面开始5片叶子的腋芽。

5.引蔓、腋芽摘除完成。

追肥

6.每2周追一次肥，用手捏几粒化肥撒在根部。土壤变干时浇水。

Check!

收获

腋芽摘除、追肥后 2 ~ 3 周之后

1.定苗后约1个月,第一批、第二批果实在尚小的时候就可收获，以促进后续瓜的生长。长弯曲了的黄瓜，即使这样，也会很可爱。

2.到了收获期也不要忘记顺次引蔓和追肥。

3.收获时要用剪刀，要小心防止手被新鲜的黄瓜刺刺痛。前端花开过的痕迹是新鲜的标志哦!

收获期还可以持续1个月，不要忘记每2周追一次肥。

培育笔直的黄瓜

黄瓜生长弯曲是由于肥料不足、水分缺乏、温度上升、生长环境恶化而引起的。要想培育直直的黄瓜，千万不要忘记补给充足的水分。此外，不要等果实长到丝瓜那么庞大了才收获，要在适当的收获时期摘收，这也是很重要的一点。

青椒

绿色、红色、黄色、橙色……五颜六色的青椒，不仅可以为沙拉添加色彩，还含有丰富的维生素 A 和维生素 C。春季种植后一直到 10 月都可以结出果实。

盆栽的要点

一般为三根枝叶的栽培。果实原样放置将会变成红色。尽可能在花谢后 15 ~ 20 天果实尚保持绿色时收获，这样可防止植株疲软，亦可长期享受收获的乐趣。

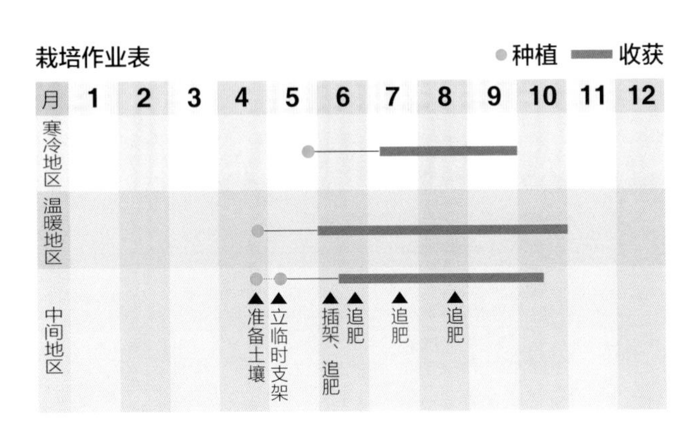

适合栽培的品种

伏见甘长

与柿子椒相比，无苦味，味道甘甜，可生长到10～12厘米长。

香蕉青椒

有红色、绿色等多种颜色，果实长4～5厘米。甜味浓郁，产量高。

香蕉尖椒

最初的颜色为绿色，过一段时间后变成黄色、橙色、红色。

王者

极早熟，产量高。果实为有光泽的绿色，形状稍长。

植绒纤维红

相同品种的还有黄色和橙色。早熟，坐果结实，果肉厚。

早熟高绿

抗病虫害能力强，易栽培，产量高。

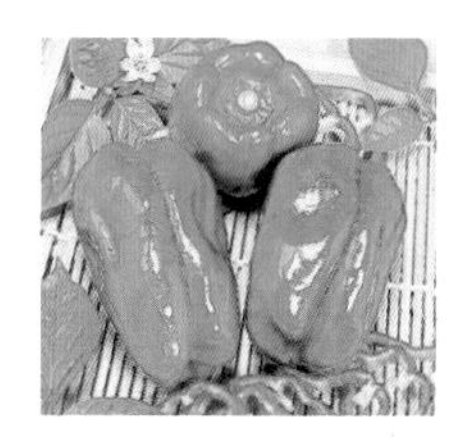

管理的要点

❶ 容器和土壤

较深的大型容器（深约30厘米，容量为25升以上）中植入2株，或者10号花盆中植入一株。土壤选择果菜用土。

❷ 放置场所

放于日照充足、通风良好的地方。

❸ 浇水

要给予充足的水分，特别是在夏季的高温期不可缺水。

❹ 肥料（追肥）

每2周追施一次化肥。

❺ 防病虫害

要注意蚜虫和娥的幼虫。蚜虫喷施乐果乳剂进行防治，娥的幼虫可进行捕杀。

❻ 收获

第一批果实在较小的时候就要收获。之后形成的果实在开花后15～20天，长到5～6厘米大小时进入收获时期。每株大约可收获50个。

小知识

五颜六色的青椒

青椒是五颜六色的，并且很多都带有甜味。

从植物分类来看，青椒与含有辛辣成分的辣椒素的辣椒为一类。含有辣椒素但没有辛辣味道的一般称为青椒。

经常有人说“在青椒的旁边种植辣椒，青椒就会变辣”，青椒开的花接受了辣椒的花粉，由此长出的青椒就会变辣了。在幼苗阶段，是无法区分带有甜味的青椒和辛辣的辣椒的。

Check!
移植–插架

4 月下旬至 5 月上旬

需要准备的物品

1. 幼苗、花盆(10号)、土壤、钵底石、移植用小铁铲、支架、绳子。

2.在钵底网上面放入钵底石，以遮盖住钵底网的程度为宜。

3.放入培养土，留出约2厘米高度的空间来浇水，摊平土壤。

种植

4.根据幼苗的大小在花盆中央挖一个坑。

5.将幼苗从培育杯中拔出，注意不要伤到幼苗根系。

6.仔细移植。

插临时支架

7.在不伤到根部的位置处立一根临时支架。幼苗尚小的时候使用方便筷即可。

8.浇入足量的水分。

9.将幼苗牵引到支架上。

10.移植完成。

腋芽摘除-立主支架

Check!

幼苗移植后 2 ~ 3 周

1.幼苗移植后2~3周。

2.摘除不必要的腋芽。

3.立一根70~80厘米长的主支架，在离表土15厘米处进行牵引。保留临时支架也可以。

青椒叶子的佃煮

10月中旬后青椒的收获已经完成。

将最后摘取的叶子制成“佃煮”也是不错的，或是将不再生长的小青椒一起摘取也没有关系。

制作方法非常简单，将摘取的叶子洗干净，准备好开水。洗好的叶子放入沸水中烹煮去掉苦味，沥干水分，加入油轻微炒一炒，最后加入汤汁、白砂糖、甜料酒、酱油，将汤汁煮干即完成。

辣椒的佃煮会有辛辣的味道，但是青椒的佃煮不会很辣，很有意外的美味。

注：佃煮，以盐、糖、酱油等煮鱼、肉、蔬菜等的一种食品。

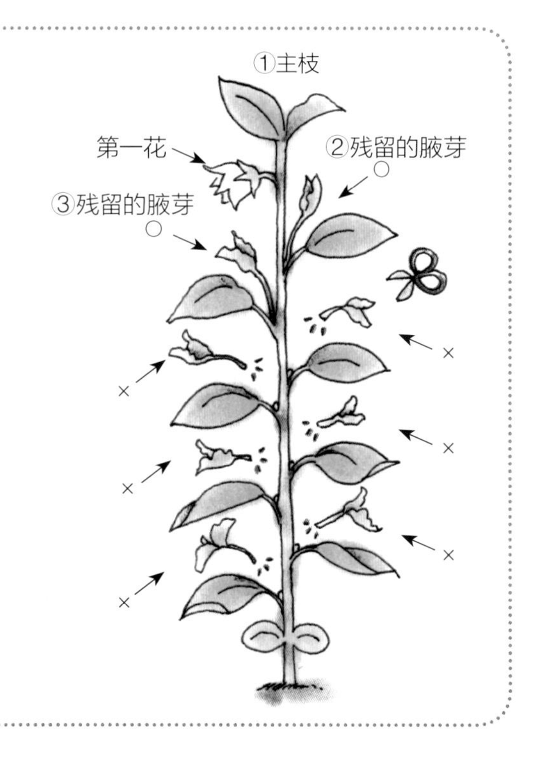

4.追施化肥（约10克）。追肥每2周进行一次。

5.主支架立好后的样子。

Check!

收获

腋芽摘除后 2 周

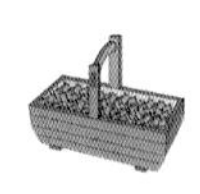

1.幼苗移植约1个月后可以逐渐享受收获的喜悦。由于之后结出的果实营养容易分散，所以在第一批果实尚小的时候就要收获。

2.幼苗移植后约2个月，结出了许多很大的果实，此后约4个月期间，每株大约可收获50个果实。在此期间，每2周追施一次化肥，每次一小袋（约10克）。

茄子

最常见的夏季蔬菜中的一种。有上千年的栽培历史，以烧、煮、蒸、炒、腌渍等多种烹饪方式做成多种美食装饰着人们的餐桌。世界各个地方品种也极为丰富。

盆栽的要点

可以根据花朵来判断生长状况。为了能够享用秋季茄子，应在7月下旬至8月上旬修剪枝叶来促进果实生长。

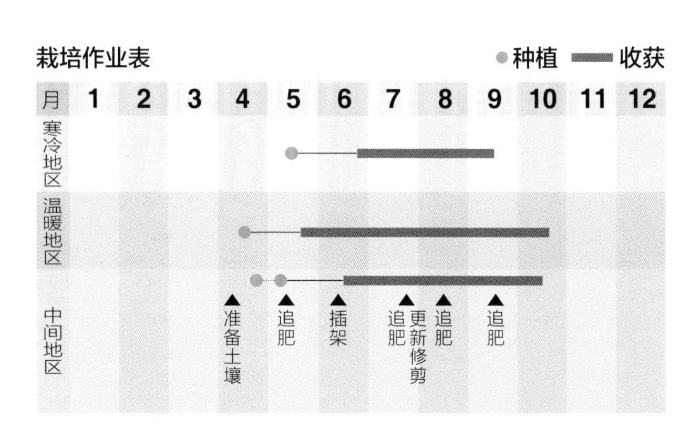

适合栽培的品种

水茄子

水分丰富，水灵灵的茄子腌渍或烧制后非常柔软可口。

黑帝

秋季的烧茄子非常令人称赞。夏季可大量收获。

飞天长

耐暑性强、容易栽培的长形茄子。

Kurowasi

果实较大的美国茄子，既可以烹煮，又可以用于烧制和油炸。种植乐趣最高。

大黑田

收获期较长，晶莹剔透的稍长形茄子。

黑秀

外表为浓郁的黑紫色的长卵形茄子，有光泽，大小均匀。

管理的要点

❶ 容器和土壤

大型容器中植入1株。土壤选择果菜用土。

❷ 放置场所

放于日照充足、通风良好的地方。

❸ 浇水

从叶子处向下浇入大量的水，可防治蚜虫。

❹ 肥料（追肥）

应多施氮肥。每两周追施一次。

❺ 防病虫害

茄子主要注意蚜虫、叶蜱、棉红蜘蛛等害虫，还要小心白粉病。

❻ 收获

当茄子长到很大时，里面的子会开始生长，果实变硬，口感下降，因此在开花后20天左右就要收获。第一批果实在尚小的时候收获可有利于以后果实的生长。每株可收获15～20个。

小知识

地方品种丰富的理由

结合各地不同的水质、土壤和饮食文化，出现了各种各样的地方品种。

在蔬菜中，茄子属于不易保存的一类食物，再加上古代交通不发达，因此各个地方都食用本地生产的茄子。

在英语中茄子被称为“eggpiant”，由于其快要上蔓时的形状与原产地印度的雪白的煮鸡蛋相似而得名。

移植-插架

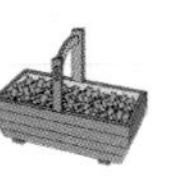

Check!

4月下旬至5月上旬

需要准备的物品

1.幼苗、花盆（10号）、土壤、钵底石、钵底网、移植用小铁铲、支架、绳子。

- 本叶7～9枚。
- 有花蕾或者已经有小花朵开放。
- 叶子的颜色浓郁。
- 植株整体壮实。
- 没有蚜虫等病害。

2.铺入钵底网，然后在花盆中放入钵底石，以遮盖住钵底网的程度为宜。

3.放入培养土，留出约2厘米高度的空间用来浇水。

移植

4.根据幼苗的大小在花盆中央挖一个坑。

5.从育苗杯中拔出幼苗，注意不要伤到根系。

6.幼苗移植。

7.按压土壤表层。

嫁接苗

与抗病虫害的能力强的野生品种的茄子进行嫁接，可防止重插栽培引起的青枯病等的传播，使植株健壮地生长。

插架

8.在不伤到根部的位置处立一根临时支架，幼苗尚小的时候使用方便筷即可。

9.将幼苗牵引到支架上，注意不要用力系住茎部，在本叶的下面将绳子呈8字形系住茎部。

10.浇入足量的水，移植完成。

腋芽的修剪

幼苗移植 2 ~ 3 周后

1.幼苗移植后约2个星期，最底端的花开放后，为修剪腋芽的适当时期。

2.保留最底端花下面的第一枝和第二枝腋芽，第三枝及其以下的腋芽全部剪切掉。连同主枝一共3根枝叶。待茄子苗稍微长大一点之后，立一根支架，使枝条顺着其生长。

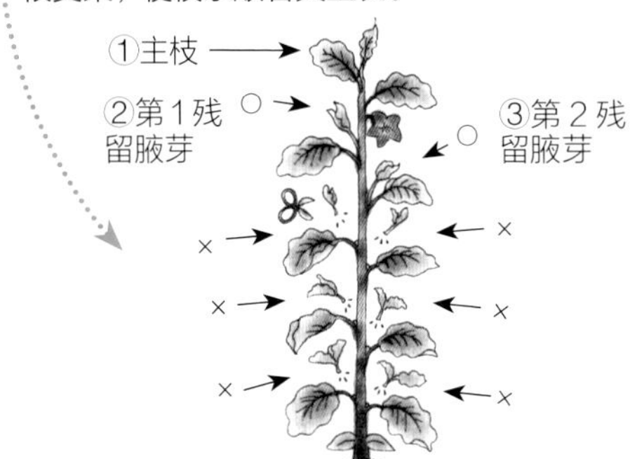

3.腋芽修剪完成。

根据花来检测茄子植株的状态

水分不足、肥料不足等症状可以根据花的状态来检测。观察花的内部，如果发现雄蕊比雌蕊长，则处于水分或肥料不足的状态。

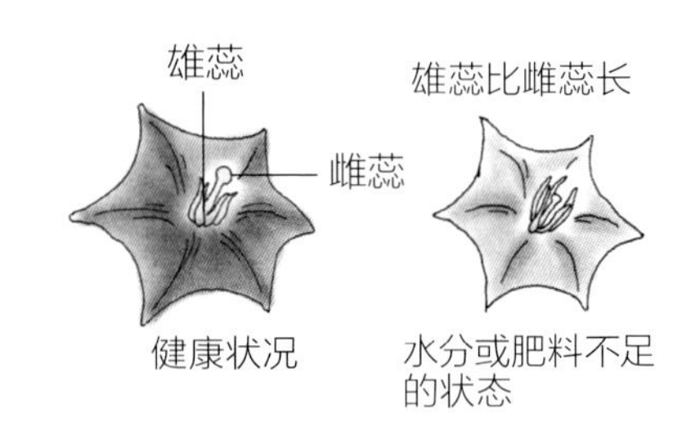

Check!

收获

腋芽修剪完 2 ~ 3 周后

1.幼苗移植后约1个月就到了收获的时期，当第一个果实成长到如图大小时即可采收。第一个果实采收后，结果能力下降，这时要追施化肥，每2周进行一次。

2.立一根长70～80厘米的支架，使枝干顺着其生长。

培育心得　秋季再生茄子培育前的更新修剪

- 幼苗移植后2～3个月，从7月下旬到8月上旬，应为秋季再生茄子做好准备，即“更新修剪”，将茄子的老株枝条全部剪除，可以减轻植株的负担，利于生出新的枝芽。
- 保留三根枝条中从根部开始的3片叶子，然后将剩余的1/3剪切掉。
- 生出了新的嫩芽，到了秋季可以再一次享受收获的喜悦了。
- 从这种充满活力的植株上采摘到水灵灵的茄子，怪不得人们都说秋季的茄子好吃呢。

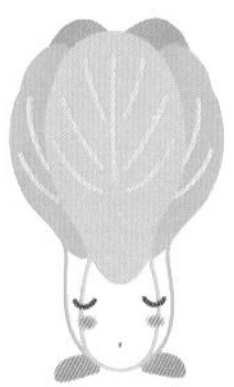

油菜

作为当今中国蔬菜的代表，在日本也备受欢迎的油菜，最适合于炒菜。普通种的油菜播种后 40 ~ 50 天后，迷你油菜在 20 ~ 30 天后，即可收获，其栽培方法的简单方便与外形的小巧可爱，让油菜非常招人喜爱。

盆栽的要点

要勤间苗，这是油菜栽培的关键点。若不间苗，植株就会生长得又细又长。除了盛夏之外，从春天到秋天可以一直种植。种植方法也很简单，适合初学者。

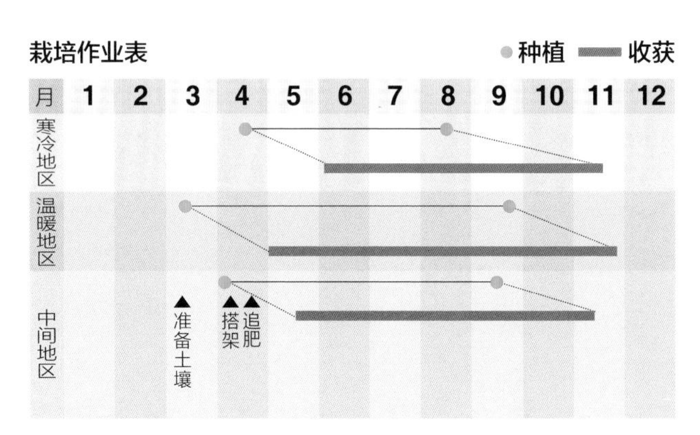

适合栽培的品种

敦煌

耐暑性强，夏季也可栽培，叶片肥厚，颜色较深。

青帝

播种后约45天即可收获的早熟品种。生长旺盛，易栽种。

长阳

茎叶为绿色、植株生长紧凑为其主要特点。适合夏季栽培。

夏御前

初夏到秋季均可种植。早熟、多收的大型品种。抗根瘤病能力强，容易栽培。

绿阳

体积较大的品种。从较小的植株生长到大的植株也可利用很多空间。

管理的要点

❶ 容器和土壤

普通型号的箱形花盆。土壤选择叶菜用土。

❷ 放置场所

放于日照充足、通风良好的地方。

❸ 浇水

种子发芽之前，需要注意保持土壤湿润，同时也要防止浇水过度导致根部腐烂。

❹ 肥料（追肥）

只需追施一次化肥。在第二次间苗时，施一纸袋化肥。

❺ 防病虫害

小心蚜虫和小菜蛾。覆盖寒冷纱可进行无农药栽培。

❻ 收获

播种后40~50天，植株长到15~20厘米时可以收获。迷你品种在播种后20~30天长到10厘米左右即可收获。

小知识

寒冷纱的作用

寒冷纱是覆盖在生长中的植物上方的网眼织物。在田间的垄上经常可以看到长长的寒冷纱。盆栽中使用小的寒冷纱也是非常重要的。

为什么寒冷纱会非常必要呢？首先，可以防止大自然中害虫的入侵。播下种子后立即铺盖寒冷纱，就可以不用喷施杀虫剂，这样会无限地接近无农药的绿色蔬菜。其次，在播撒豆类时，可以保护种子或刚露出的嫩芽免受附近鸟类的侵害。

播种

4月上旬

需要准备的物品

1.种子、长方形花盆、土壤、钵底石、移植用小铁铲。

2.放入钵底石，以盖住钵底的程度为宜。

3.放入土壤，铺平。空出2厘米左右的空间用来浇水。

播种

4.在播种的位置用两根小棍印出直线。

5.间隔约1厘米处播种。该播种方法称为“条播”，菜叶类通常使用的播种方法。

6.用土壤将种子完全覆盖。

7.浇入足够的水分。

间苗1

播种 1 周后

1.7～10天幼苗张开了双叶。

2.保持间隔3厘米左右进行间苗。

3.间苗后所有的植株都容易倒掉，从两侧轻轻地培土，并牢固摁压。当根部缠绕在一起时，用剪刀从根部剪切掉。

4.第一次的间苗结束，浇入足量的水分。

间苗2

间苗 1 后的 1 ~ 2 周

1.播种约2周后，本叶长到2～3枚，作物长到2～6厘米高时的状态。

2.第二次间苗，间隔保留5～6厘米，这时可以进行追肥。

收获

间苗 2 周后

播种后第3～4周。迷你油菜在长到10厘米左右时即可收获。用剪刀从根部剪下。根据间苗的感觉只收获必要的部分。普通型号的油菜要等到稍微大一点，长到15～20厘米时收获。

扁豆

含蛋白质丰富，营养价值高。炒或煮时颜色会突然变得鲜艳。当生长过大时豆子会变硬，因此要趁开花后 10 ～ 15 天尚鲜嫩的时候采摘食用。

盆栽的要点

要勤间苗，这是扁豆栽培的关键点。若不间苗植株就会生长得又细又长。除了盛夏之外，从春天到秋天可以一直种植。种植方法也很简单，适合初学者。

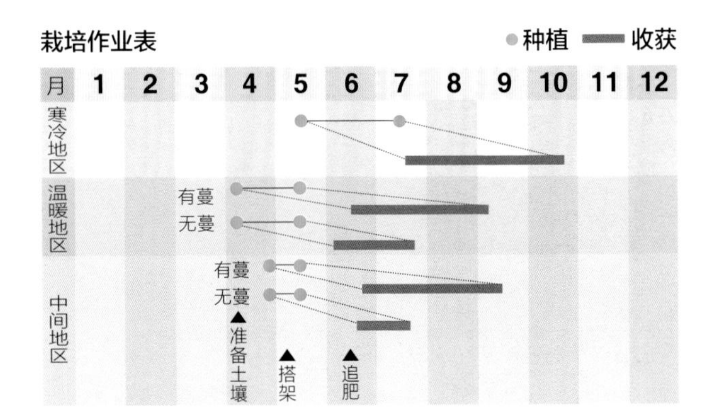

适合栽培的品种

Aronn（无蔓）

果实笔直，豆荚饱满。易栽培，长到13厘米时即可收获。

Seriina（无蔓）

豆荚呈圆状，无筋，豆荚饱满，适合初学者栽种。

五月绿2号（无蔓）

表皮为浓郁的绿色，滚圆形，无筋的极早生品种。

Cyaari（无蔓）

豆荚长约10厘米，较粗。短时间内开花，所以可以一次性收获。

Guriinnfoppu（无蔓）

长13～14厘米的极早生品种。无筋，口感柔软，食用方便。

Guriinnmairudo（无蔓）

60天左右即可收获的无蔓品种，松嫩，产量高。

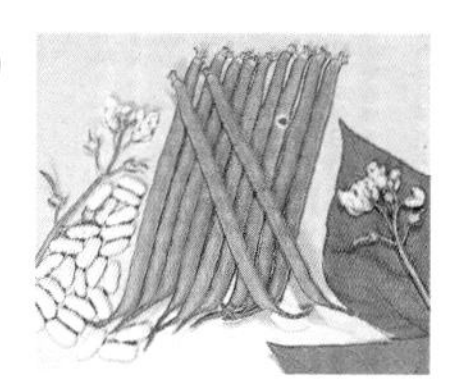

管理的要点

❶ 容器和土壤

较深的大型容器（深约30厘米，容量为25升以上）中植入两株，或者10号花盆中植入一株。土壤选择果菜用土。

❷ 放置场所

放于日照充足、通风良好的地方。

❸ 浇水

由于扁豆不喜欢干燥的环境，所以水是不可欠缺的，尤其是发芽之前不要让表土干燥。

❹ 肥料（追肥）

不要过量施肥。花朵开放后，(植株长到20厘米左右高时)追施一纸袋化肥。

❺ 防病虫害

小心蚜虫。在刚出芽后要预防被鸟啄食。

❻ 收获

播种2个月后可以收获，以每株收获200～300克为目标。

小知识

有蔓＆无蔓

有蔓和无蔓扁豆的培育方法有很大的不同。

有蔓的品种会长到很高，需要立长的支架。收获期也可长达 2 个月，可以陆续地收获果实。而无蔓的品种只能长到 50 厘米，因此，盆栽建议选用该品种。收获期较短，收获之前的生长期也只有 60 天。

Check!

播种

4 月下旬至 5 月中旬

需要准备的物品

1.种子、花盆、土壤、钵底石、移植用小铁铲。

2.在花盆中放入钵底石，以遮盖住钵底网的程度为宜。

3.放入培养土，留出约2厘米高度的空间用来浇水。

播种

4.每隔约20厘米处利用容器的厚度做1～2厘米的小坑，共3个。

5.在每个小坑内放入3颗种子。

6.在种子上面覆盖土壤，并轻轻摁压。

7.浇入足量的水，4～5天后发芽。

Check! 间苗

播种后 2 周

1.发芽后约1周。每个坑3株，共9株扁豆。

2.从3株植株中选取最柔弱的一株从根部用剪刀剪切掉。每个坑内留两株（为了保护根系，不要连根拔起）。

3.轻轻地培土。

4.每个坑2株，共6株扁豆。在收获之前不需间苗。到了开花期，追施一纸袋化肥（约10克）。

培土

间苗等作业完成后，植株会变得摇晃，会导致倒掉和弯曲，因此要在植株根部的两侧加土，此作业称为“培土”。也可以使因每天浇水而变干硬的表土变松软，所以要经常培土。

Check! 收获

间苗后 1 个月 15 天

间苗后约1个月15天。可以收获扁豆。收获日期为花朵开放后10～15天，趁果实尚未变坚硬时收获。

苦瓜

苦瓜是一种生长极其旺盛的植物，含有丰富的维生素 C。即便是初学者也可轻松栽培的苦瓜。在炎热的夏季中，苦瓜是去火消暑最理想的蔬菜，其独特的苦味真叫人回味无穷。

盆栽的要点

在日照充足的地方，使其缠绕着支架或栅栏向上生长。作为葫芦科植物，生长周期长，要注意勤施肥，趁果实新鲜时收获。

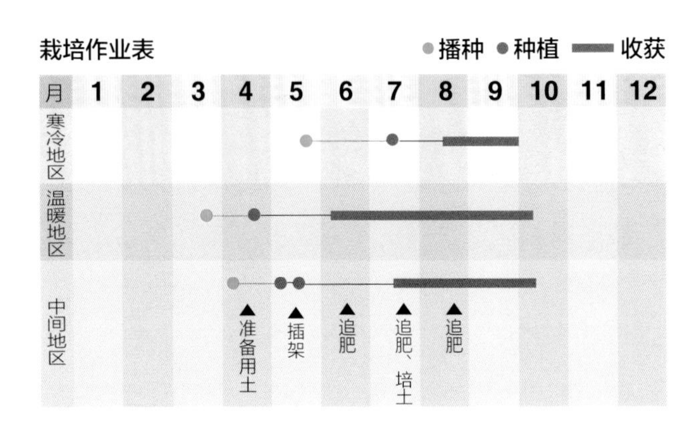

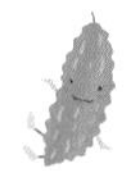

适合栽培的品种

萨摩长种苦瓜

35厘米超长的长度，独特的强烈的苦味，可用于炒菜、炸食、榨果汁。

肥大的苦瓜

长到15厘米时可以收获。有苦味，最适合于苦夏的恢复。

白苦瓜

味较淡的品种。白色的瓜肉为其特征。长到15厘米时可以收获。

超苦的苦瓜

特有的苦味强烈，是富含维生素和胡萝卜素的健康食品。

稍苦的苦瓜

苦味不是很强烈，是容易下咽的苦瓜。体型肥胖，较短，胖乎乎的样子。

中长苦瓜

含有充足的维生素C的健康食品。盛夏也可健康生长。

管理的要点

❶ 容器和土壤

大型容器中植入两株，或者10号花盆中植入一株。土壤选择果菜用土。

❷ 放置场所

放于日照充足的地方。

❸ 浇水

当盆中的土壤表层变干时，要给予充足的水分，水分不足容易导致果实营养不良。

❹ 肥料（追肥）

每隔2周追施一次化肥。

❺ 防病虫害

长蚜虫时可以喷施洗衣粉水或肥皂水。

❻ 收获

中长品种可长到20厘米,长品种可生长到30厘米，在开花后20天左右收获新鲜的果实。放置时间太长苦瓜会变黄开裂。收获目标为每株7～8根。

小知识

藤田推荐的冲绳蔬菜

最近，除了苦瓜之外，冲绳蔬菜在市场上亦可买到。

最值得推荐的就是丝瓜了。刮去长约20厘米的鲜嫩的果实的皮，炒熟后食用。口感柔软，味道鲜美，建议尝试。

此外，冬瓜、冲绳岛胡萝卜、秋葵、金时草等生命力旺盛的冲绳蔬菜也有无限的魅力。

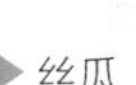

▶丝瓜

Check!

移植－引蔓

5月上旬至中旬

需要准备的物品

1.幼苗、大型花盆、土壤、钵底石、移植用小铁铲、支架（2米×4根，60厘米×4根）、绳子。

2.在大型花盆中放入钵底石，以遮盖住钵底网的程度为宜。

3.放入培养土，留出约2厘米高度的空间来浇水。定好幼苗的移植位置。

移植

4.挖一个坑，将幼苗从育苗盆中拔出，注意不要弄伤根系。

5.摁压植株的根部土壤，移植完成。

6.浇入足量的水。

插架

7.在不伤到根部的位置处并排立4根长约2米的支架。

8.再横向交叉4根较短的支架。将其与竖向的支架用绳子固定。

随着植株逐渐长大，可以遮阳。

9.将苗攀附到其附近的支架上。

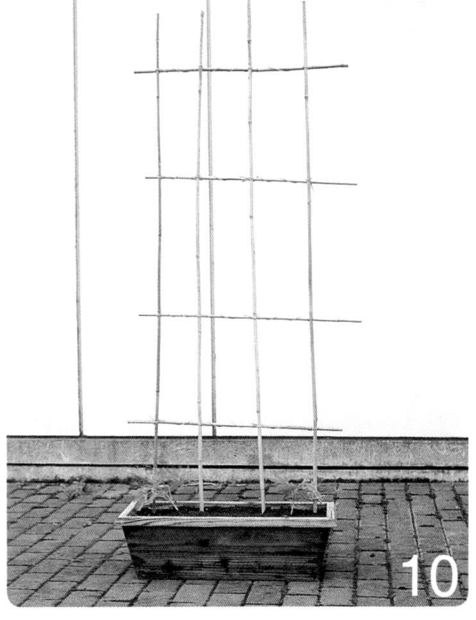

10.移植完成。

引蔓

11.幼苗移植完成后约2周，蔓缠绕到支架上，但是顶端不会沿着向上的方向生长。

12.为了能使植株直直地向上生长，要向上牵引，最好在叶子的下方固定。

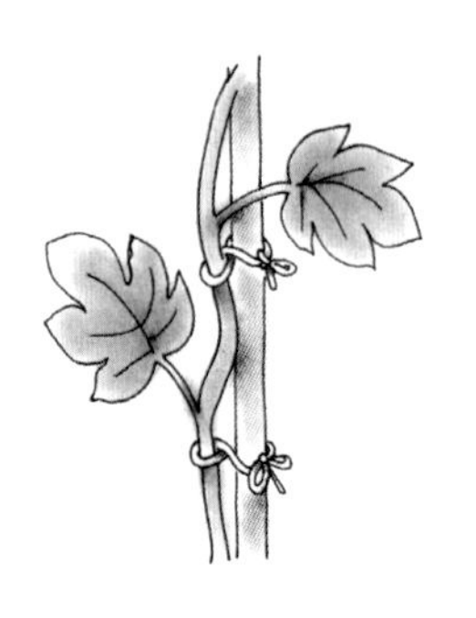

13.引蔓完成。

苦瓜的雄花和雌花

与黄瓜一样，在花的根部结有小果实的为雌花。

雄花

雌花

摘芯和追肥

引蔓 2 周之后

1.幼苗移植后约1个月。为了保持通风，将从下边生长出的瓜蔓剪切掉。

2.根据植株的生长状况，将超出支架高度的部分进行摘芯，与支架高度保持一致。

3.追施一纸袋化肥（约10克），此后每2周追施一次肥。

收获

摘芯和追肥后约 2 周后

幼苗移植后约1个月15天，苦瓜成熟了。到初秋，每株可收获7～8个果实。

生姜

生姜是日本料理中香辛料的代表。在享受了一个接一个地嫩叶冒出地面带来的乐趣之后，到了秋天就可以收获生姜了。

盆栽的要点

半阴凉处也可生长的蔬菜。在花盆中密集地栽培。不要注入过量的水分，以防根部腐烂。摘取姜叶后追肥，促进姜根生长。

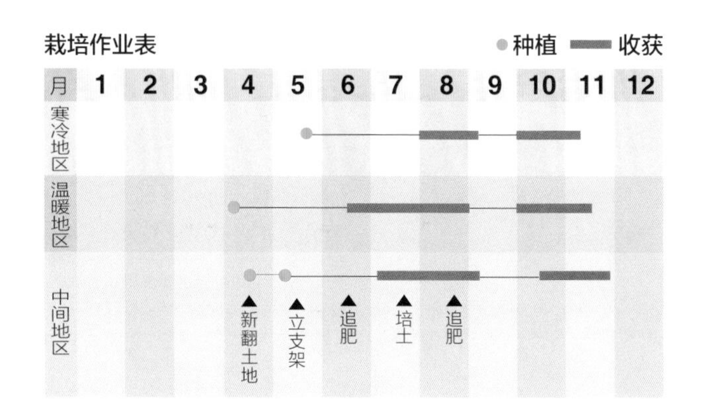

适合栽培的品种

金时生姜

嫩芽鲜美，营养丰富。可以当作姜叶享用。

大生姜

辛辣味道适度。性温和，食用方便。

管理的要点

❶ 容器和土壤

标准或大型容器均可。应选择适合薯类植物生长的土壤。

❷ 放置环境

可放于玄关等半阴凉处。

❸ 浇水

表土变干时，要给予足够的水分。

❹ 肥料（追肥）

姜叶收获后需频繁地追施化肥。

❺ 防病虫害

无须特别注意。

❻ 收获

作物长到40～50厘米高度时为姜叶的收获期。生姜要等到10月下旬叶子变黄之后才可以收获。大型花盆内大约可收获30根姜叶、1.5千克生姜。

小知识

生姜的“伙伴儿”

姜黄（英语名为“**turmeric**”）也属于姜科植物，形状与生姜极为相似。

原产地为印度，使咖喱香料呈现黄色的成分就是姜黄素。在日本国内、冲绳及奄美诸岛、鹿儿岛都有栽培，长期以来其药用价值备受人们关注。

据说生姜（英文名为“**ginger**”）也是原产于印度。现在不论是在日式料理，还是西餐、中华料理，生姜都是不可或缺的佐料。

香辛调料的魅力

香辛料的魅力在于可以增加饭菜和原材料的香味。即使不加入该调料似乎也与料理本身没有太大关系，但总感觉有一些不足之处。豆腐中加入生姜，刺身和御田中加入芥末，这种搭配是不可分割的。

在欧洲最常使用的是辣根，味道正好介于芥末和生姜中间，是烤牛肉中必须添加的佐料。

在盆栽中栽种常用于佐料的蔬菜，十分方便，因此大受人们欢迎。

移植

4月中旬至5月中旬

需要准备的物品

1.种姜、容器、土壤、钵底石、小铲子，当底部的排水孔很大时，还需要钵底网。

2.铺垫钵底网，并在上面放入钵底石，可以盖住底部的程度即可。

3.放入少量用土（离容器上端约10厘米处）。

4.将种姜的芽朝上并排放置。体积大的种姜擦破也没有关系，要排得满满的。

5.填入土至容器边缘处并摊平。

6.浇入足量的水。

种姜的挑选方法

选择平安过冬且姜块肥大丰满、皮色光亮、肉质鲜嫩的种姜。种姜为去年秋天收获后，贮藏在地下过冬的生姜。一般4月份上市，可以从商店购买回来直接种植。但是，如果无法购得，超市中出售的水洗较少的生姜也可以，但是水洗后表面会受伤，有可能因此腐烂。因此，应选择那种完好无损的种姜。

出芽

种植2周后

1.种植2周后逐渐露出了嫩芽。

2.种植14~20天的状态。

3.种植约1个月后的状态。

收获

出芽后6周

种植约2个月后，植株长到40~50厘米高。

姜叶的收获。一边按着根部其他部位，一边从根部拔起。然后直接用水冲洗即可食用。

根姜的培植方法

于生姜不可以一次性大量食用，所以要根据所需量一点一点地收获。一块种姜可以长出好多个嫩芽，要逐渐利用。如果要想使根姜长大食用就要注意一下两点。

①等姜叶全部摘完后，再将根姜挖掘出来食用。

②当食用完一部分姜叶之后，冒出来的嫩芽不要摘除，一个月内追2次肥，在霜降之前收获，享受新鲜的生姜。

毛豆

作为啤酒的最佳下酒菜，毛豆含有丰富的蛋白质。将刚收获的毛豆煮熟后食用，其甜美的味道一定会令你回味无穷的。

盆栽的要点

推荐栽种早熟品种。从播种到发芽阶段要注意鸟儿啄食，花朵开放不久后要小心椿象（吸植物汁的害虫）。开花时保持足量的水分，会有助于结出又大又饱满的果实。

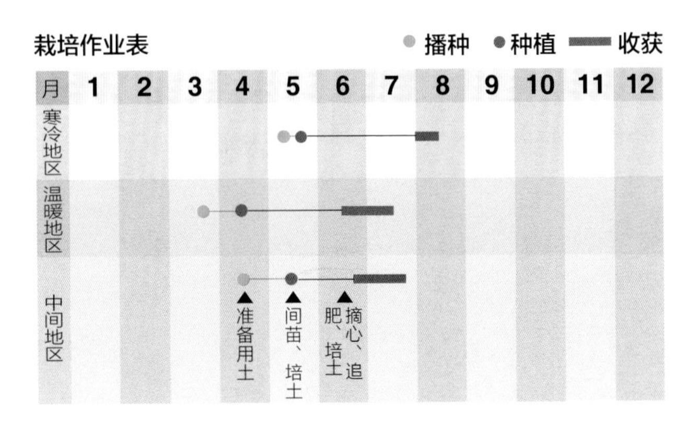

适合栽培的品种

翠绿毛豆
早熟毛豆。可以收获大量的3粒豆荚，味道鲜美，易栽培。

狩胜
浓绿色的大粒豆。大多果实内有3粒豆，口感好，易栽植。

快豆黑头巾
以甜美的味道而出名的黑豆。容易种植，推荐家庭菜园中栽培。

早生枝豆
豆荚大，香味浓的早熟品种的代表。选择合适的土壤可轻松栽培。

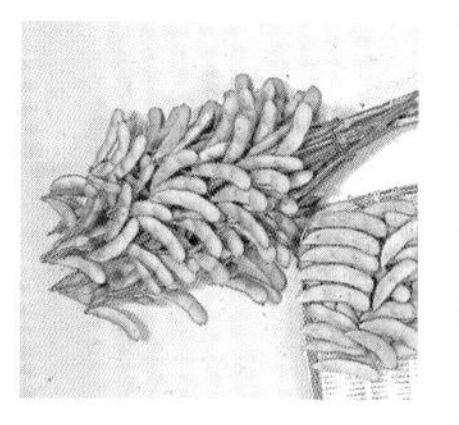

Yuuagarimusume
茶豆风味，煮熟后豆粒呈鲜绿色，糖分含量高，味道极为甘甜。

富贵
耐暑性强，易栽培。可以结出很多大粒饱满的豆荚。

管理的要点

❶ 容器和土壤

大型容器中植入6株，土壤选择果菜用土。

❷ 放置场所

充足的阳光非常的重要，宜放于通风良好的地方。

❸ 浇水

盆中的土壤表层变干时，要给充足的水分，发芽之前注意保持土壤湿润。

❹ 肥料（追肥）

花期只需追施一次肥。豆类植物不需要追施太多肥料，否则会使茎叶营养过剩，以致豆荚无法生长。

❺ 防病虫害

在发芽之前要警惕来啄食的小鸟。刚开花后要小心吸食果实的椿象。还应要小心豆类食心虫。

❻ 收获

早熟品种在播种后70～80天当豆荚膨胀，果实饱满后即可收获。每株大约可以收获200克。

小知识

毛豆是健康蔬菜

毛豆不仅含有蛋白质，还含有丰富的维生素 B_1、维生素 B_2、钙等。

毛豆即使煮熟后营养价值也不会流失，是有益于身体健康的蔬菜。

作为啤酒的不可缺少的下酒菜，不仅因为其味道鲜美，还因为其有保护肝脏的作用。

Check!

播种

4 月中旬至 5 月中旬

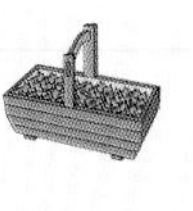

需要准备的物品

1.种子、花盆、土壤、钵底石、移植用小铁铲。

2.在花盆中放入钵底石，以遮盖住钵底网的程度为宜。

3.放入培养土，留出约2厘米高度的空间用来浇水。

播种

4.利用器皿制作3个小坑。

5.每个坑内放入3粒，共放入9粒种子。

6.用土壤将种子覆盖并轻轻按压。

7.浇入足量的水。

Check! 间苗
播种后 2 周

1.播种后约2周，本叶长到2～3枚。

2.将3株之中最弱小的一株用剪刀剪掉，留下2株。

3.每窝两株，共计6株。就这样一直生长到收获为止。开花期间追施一小袋化肥（约10克）。

Check! 收获
间苗后 7 ~ 8 周

播种后约2个月15天，用剪刀从根部剪切收获。

毛豆是大豆吗

毛豆是大豆未成熟时的果实。

制作豆腐、纳豆、味噌的原料为大豆，将大豆用薄膜覆盖后发出的嫩芽为豆芽。开花后20～25日后结出的新鲜果实为毛豆，豆芽和毛豆属于蔬菜类，而大豆属于豆类。

虽然在生长的各个阶段看上去各不相同，但都是大豆未成熟时的形态。

甜瓜

具有甘甜的香味和松软的果肉，不愧为瓜果中的女王。能够在盆栽中种植甜瓜，对每个人来说都是一件值得骄傲的事情吧。试着来挑战一下日本古来就有的甜瓜吧。

盆栽的要点

选择容易栽培的嫁接苗，选用排水性好的土壤。此外，雌花开放后，要在上午进行授粉，这是很关键的。甜瓜到了午后就不会开花散粉了。

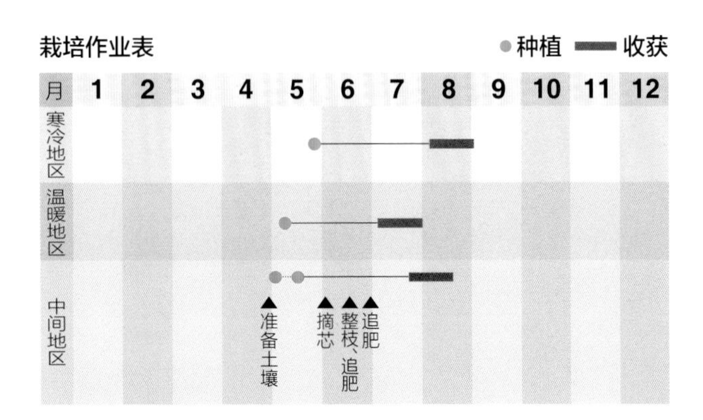

适合栽培的品种

王子甜瓜

每个都可以保证有香甜的味道。一个重约500克。

黄金甜瓜

耐寒耐暑能力强，果实重约300克，新鲜爽口，味甜。

金太郎

重约400克的甜瓜。香味浓厚，含糖分高。

可爱型甜瓜

单个重约300克的迷你甜瓜。含糖量高，易保存。

金太郎

容易栽培的改良品种。果肉为白色，芳香扑鼻，重约500克。

管理的要点

❶ 容器和土壤

每个大型容器中可栽植一株。土壤选择果菜用土。

❷ 放置环境

放于日照充足、通风良好的地方。

❸ 浇水

表土变干时，要给予足够的水分。

❹ 肥料（追肥）

到了第3周时，开始结果，因此要追施化肥。

❺ 防病虫害

同黄瓜一样，要警惕瓜叶虫、蚜虫、白粉病。

❻ 收获

授粉后35～40天。果实直径长到8～10厘米，飘散出淡淡的香味时即进入收获时期。一株可收获3～4个果实。

小知识

日本的甜瓜史

甜瓜因日本岐阜县真桑村曾是著名产地而得名。

再向前回溯，在弥生时代也可找到甜瓜的踪迹。

甜瓜是日本自古以来一直食用的品种。

最近市场上出售的网状甜瓜多为明治维新时从西欧引进过来的。王子甜瓜是昭和时期由网状甜瓜和日本传统的甜瓜交配而成的。

王子甜瓜产于日本，易栽培，因此得到广泛的传播。

Check!

移植－插架

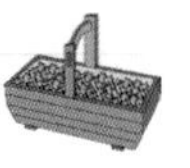

4月下旬至5月上旬

需要准备的物品

1.幼苗、花盆、用土、钵底石、支架（约2米×4根）、绳子、铁丝。

2.往花盆中放入钵底石，可以盖住底部的程度即可。

3.放入培养土，留出约2厘米高度的空间来浇水。

幼苗的选择方法

选择本叶长到4～5枚的幼苗。

嫁接在南瓜上的幼苗生长健壮，易栽培，推荐选用。

幼苗移植

4.在花盆中央挖一个坑用以栽植幼苗。

5.移植幼苗，轻轻摁压。

6.浇入足够的水。

插架

7.在花盆的四个角落立4根支架。

8.用绳子将支架缠绕一圈，像灯笼制作一样，从两个高度进行固定，之后根据生长状况逐渐增加。

9.移植完成。

瓜叶虫的侵害

甜瓜和黄瓜等葫芦科植物的叶子如果出现了这样的小圆形的虫食状的小洞，就证明有瓜叶虫存在。一旦发现就要捕杀，在伤害明显的情况需喷施杀虫剂进行防治。

Check!

摘芯和引蔓

移植后 2 ~ 3 周

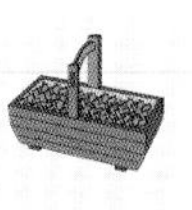

1.幼苗移植后2～3周。

2.用铁丝进一步加强固定。

3.用剪刀将不必要的蔓剪掉。

4.将蔓牵引到铁丝部位。

5.作业完成。之后使生长的部分不断向上牵引。1周之后追施一纸袋化肥。

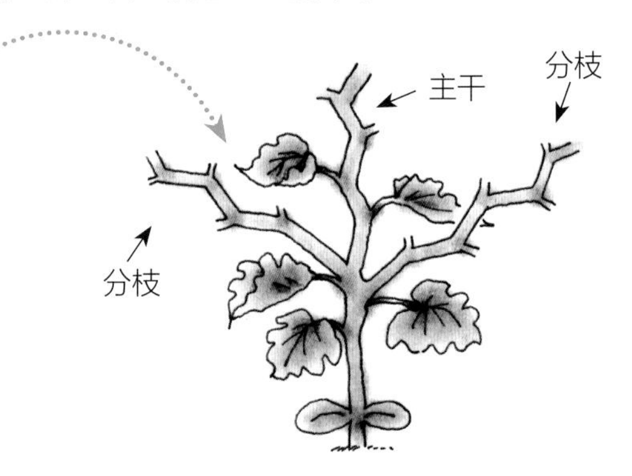

Check! 授粉

摘芯、引蔓2～3周后

1.摘芯后2～3周（移植后1个月至1个月15天），雄花和雌花开放完整，就开始进入授粉时期。

2.雌花。花朵的根部附着很小的子房。

3.雄花。不同于雌花，根部没有子房。

4.摘取雄花，去掉花瓣，将花粉轻轻涂抹在雌花花蕊上进行授粉（人工授粉）。雄花花粉完全显现出来是在上午，因此花开后务必在当日上午进行授粉。为了便于确认，将授粉时间记录在纸条上，悬挂在授粉后的雌花的茎部。盆栽中预期可收获3～4个果实。当开始结果时，再一次追肥即可。

制作网兜

授粉后约 3 周

1.授粉后3周（移植后约2个月）的样子。

2.授粉后的雌花结出了果实。

3.为了能承受得住果实的重量，用麻绳编成网兜，加强固定。

4.将果实包起来，稍向上托起。

5.牵引到支架上。

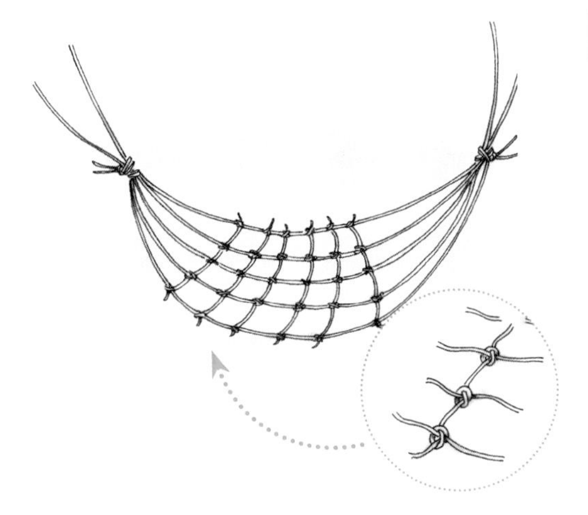

网兜的制作方法

将麻绳交织打结制成网兜。一边将横向的麻绳和纵向的麻绳交错捆扎，一边整理出网眼。左右的麻绳要长出一部分系在茎上。
考虑到果实的生长，要编织得稍微宽松一些。
只要能编织成吊床状的网兜，其材质不是麻绳也可以。也可使用尼龙绳和长筒袜。

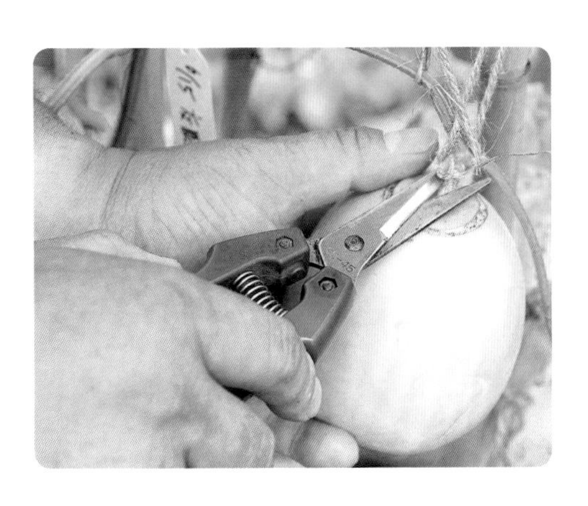

收获

兜上网兜后 2 周

授粉后约5周（移植后约2个月15天），散发出诱人的香味，这时就可以进行收获了。将果实与瓜蔓的连接处用剪刀剪断。

培育心得　在公共住宅中的阳台上进行栽培时的注意事项

- 般情况下，高级公寓或公共住宅中的阳台，根据消防法的规定需要在阳台设置防火器具。当在阳台上进行盆栽时，绝不能将花盆摆放于紧急逃离专用梯降落的地点。
- 此外，在紧急情况下可以砸开与邻居家的间壁进行逃生。因此，周边不要放任何物品。
- 公共住宅中，公用的阳台、走廊、楼梯、避难口和其他必要的避难设施处，不要放置阻碍避难的物品。
- 再者，浇水时的排水、施肥时风的吹动等也要特别注意，尽量不要给别人带来不便。

小玉西瓜

夏日最为应景的食物，想必就是红彤彤的西瓜！体形较小的小玉西瓜也可以在容器中栽培。但是，注意防止水分高达 90% 以上的甜美果实掉落哦！

盆栽的要点

建议选择小玉品种的嫁接苗。当真叶长到 5 ~ 6 片时摘掉生长点，以促进侧蔓生长。雌花开放后进行授粉，果实长到一定重量时要用网兜加以保护。

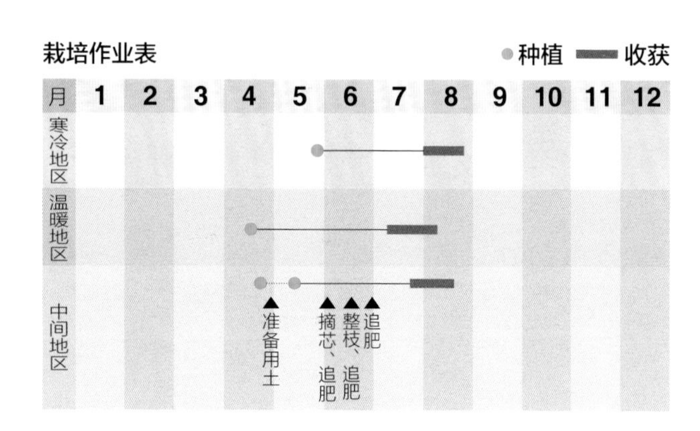

适合栽培的品种

小玉红

重约2千克。纤维少，味道甘甜，易栽培。

迷你西瓜

纤维含量少，口感好，果实可以长到1.8千克左右。

新小玉

重1.8～2千克。很少出现只长蔓不结果的现象，易栽培。果实为黄色，含糖量高。

鲜红色（红色）

2～2.5千克。不易裂果，坐果性好，单株结果数多。

太阳红（红色）

果肉为桃红色的小玉西瓜，约2千克。皮薄，纤维少，味道甘甜。

金黄色（黄色）

果肉为鲜黄色的小玉西瓜。皮薄，纤维少，味道甘甜。约1.7千克。

管理的要点

❶ 容器和土壤

每个大型容器中可栽植一株。土壤选择果菜用土。

❷ 放置环境

放于日照充足、通风良好的地方。

❸ 浇水

表土变干时，要给予足够的水分。

❹ 肥料（追肥）

开花且果实长大后开始施化肥。

❺ 防病虫害

具体参照黄瓜，要警惕患瓜叶虫、蚜虫、白粉病。

❻ 收获

授粉后35～40天。一株可收获2～3个果实。

小知识

无籽西瓜之谜

不少人会有这样的想法，“西瓜虽然好吃，但藏在瓜瓤中的小黑籽，却实在是让人讨厌”。基于此需求，早在1947年日本就研发出了“无籽西瓜”。但是，直到现在，无籽西瓜的消费量仍不足全体西瓜的2%。

为什么无籽西瓜一直没有得到普及呢?

原因就在于其栽培程序繁杂。

首先，由于无籽西瓜植株发育不良，且自身没有可繁殖的花粉，因此必须事先种植用于授粉的其他品种。其次，也有人认为没有瓜子的西瓜失去了西瓜原本的味道。

Check!

移植-插架

4月下旬至5月上旬

需要准备的物品

1.幼苗、花盆、用土、钵底石、支架（约2米×4根）、绳子。

2.往花盆中放入钵底石，可以盖住底部的程度即可。

3.放入植物赖以生长的土壤。

移植

4.在花盆中央挖一个坑用以栽植幼苗。

关于幼苗

（左）普通的苗。

（右）嫁接苗：嫁接苗要比普通的苗更加健壮。条件允许的话建议选用嫁接苗。小玉西瓜的苗用葫芦科蔓生植物进行嫁接。

5.移植幼苗，轻轻摁压。浇入足够的水。

插架

6.在花盆的四个角落立4根支架，用麻绳将支架固定。

7.从两个高度进行固定，之后根据生长状况逐渐增加。

8.插架完成。

摘芯

移植 1 周后

幼苗移植约1周后。真叶长到5～6片时，为了促使3枝侧芽生长，用剪刀将生长在主干顶端的嫩芽（生长点）剪掉（摘芯）。

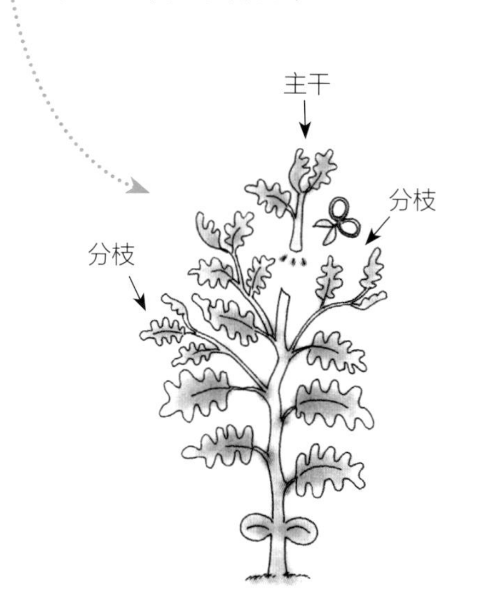

Check!

加强固定与绑蔓

摘芯后 3 周

1.根据生长状况不断地加强固定。

2.移植后1个月左右的状态。由于3根侧芽还处于生长阶段，应将其牢固地绑在立杆上，引导其向上生长。

Check!

授粉

加强固定及绑蔓后 2 周

1.花朵开放后为授粉的时期。图中显示的为雌花。花的根部膨胀，有子房。

2.雄花。根部没有子房。

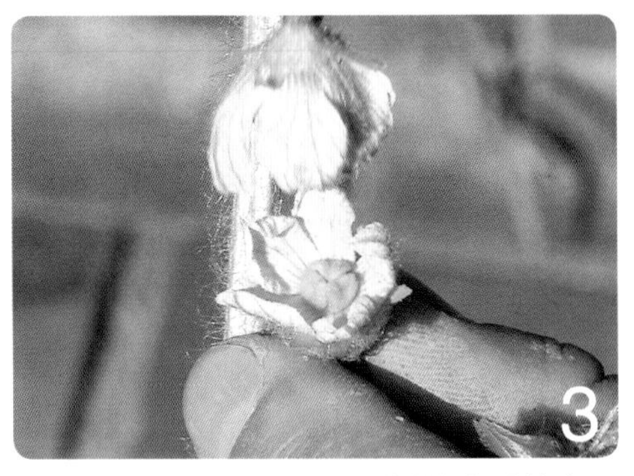

3.摘取雄花，去掉花瓣，将花粉轻轻涂抹在雌花花蕊上进行授粉（人工授粉）。雄花花粉完全显现出来是在上午，因此花开后务必在当日上午进行授粉。

4.将授粉时间记录在小纸条上，悬挂在茎部。大约40天后，雌花根部的子房会逐渐膨胀，西瓜成熟了。为了把握收获时间一定要记清授粉的日期。

当果实长到乒乓球大小时，要追施化肥，由于容器为大型花盆，以20克左右为宜。

两个心满意足，三个欣喜若狂

花盆栽培的小玉西瓜，每株可收获2～3个。

因此，对每枝子蔓的每朵花都要进行授粉。

每株能够收获两个果实就心满意足了，如果能收获三个，那就欣喜若狂了。如果栽培的是中玉或大玉西瓜，果实会有点重，不要用网兜悬吊，通常在地面铺设席子等使其爬地生长。

Check!

吊瓜

授粉后大约 3 周

1.授粉后大约3周的状态。

2.授粉后的雌花结出的果实慢慢地长大了。

收获期为授粉后35～40天。根据吊牌来确认日期。

3.为了承受果实的重力，防止落瓜，用麻绳编织一个吊床状的小网兜，兜住西瓜下部。由于果实还在继续生长，网兜要编制得稍微大一点。

4.追2小袋肥（约20克）。

5.浇足量的水。正如英语“**watermelon**”（西瓜）所示，要给予充足的水分。

水萝卜

招人喜欢且容易栽培的水萝卜，别名又称为“20 日萝卜”。生长快速，适合盆栽。建议制作成生的沙拉，或进行浅腌，口感清脆，真叫人欲罢不能。

盆栽的要点

适期进行间苗，促进植株生长。要培养成坚固结实的胖乎乎的形状，有必要保持 3 ~ 4 厘米的株距。在高温期要间隔 5 ~ 6 厘米。一旦发现蚜虫、小菜蛾等害虫要进行捕杀。土壤选择根菜用土。

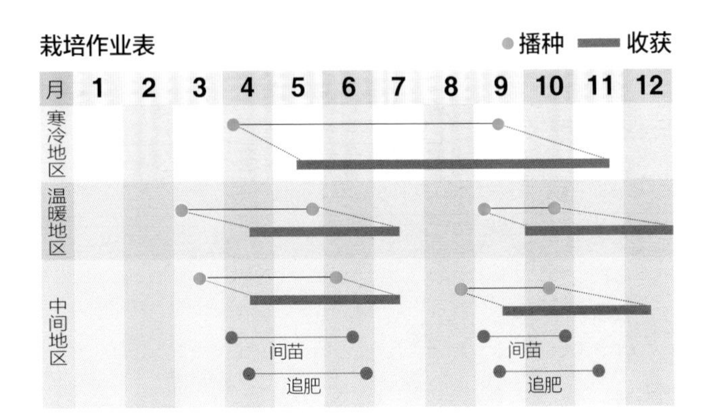

Check!

播种

3 月上旬至 6 月上旬
8 月下旬至 10 月中旬

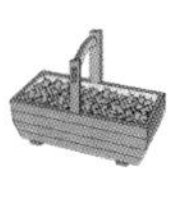

播种

1.种子、花盆、土壤、钵底石、移植用的小铁铲、勾画直线的小棍。

2.在花盆中放入钵底石，以遮盖住钵底网的程度为宜。

3.用小棍空出10~15厘米的间隔。留出深约1厘米的直线。按1厘米的间隔播撒种子。

4.用土壤覆盖种子。

5.用手轻轻摁压。

6.浇足量的水。

间苗

播种后 7 ~ 10 天

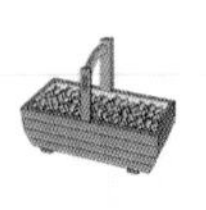

1.发芽整齐的水萝卜。

2.保留3厘米的间隔进行间苗。选择发育不良、细弱的植株，向上拔起进行间苗。间苗拔出来的苗即为“萝卜叶子”，不要丢弃，可以用于做沙拉。

3.间苗后，要培土，防止根部摇晃。

追肥

间苗后约 1 周

1.播种后15 ~ 17天。本叶长到1 ~ 2枚的时候追施化肥。在根部轻轻地撒播一纸袋（约10克）化肥。

2.开始生长后的水萝卜的根部。外侧的皮破裂，根部从此处开始膨胀。此时追施肥料，可以使水萝卜茁壮成长。

Check!

收获

追肥后 10 ~ 14 天

1.播种后28～30天，进入收获期。过了这个时期后，果实会膨胀变大，用醋凉拌，味道鲜美。

2.保持株距，果实整齐划一的水萝卜。

3.刚采摘的水萝卜，果实和叶子都很新鲜，味道鲜美。

各种各样的水萝卜

并不是所有红色的圆形的蔬菜都是水萝卜，也有其他颜色和形状的水萝卜。例如，萝卜中小型的长白品种（雪小町等），形状类似于维也纳香肠的上红下白的品种（红白等）。此外，还有由红色、粉色、白色、紫色、淡紫色5种颜色组成的五彩萝卜等种类。所有种类都应在30天内鲜嫩的状态下食用。

迷你胡萝卜

胡萝卜中含有丰富的维生素 A。普通的胡萝卜在花盆中栽培比较困难，但是迷你胡萝卜例外。它可以直接食用。自己栽培的胡萝卜连叶子都是香甜的。

盆栽的要点

胡萝卜的种子喜光，因此放置在阳光下才可以发芽。之后，进行间苗，每株间距保持在 5 ~ 6 厘米，还要适当追肥。要小心金凤蝶的幼虫，也比较容易附着其他害虫。土壤选择根菜用土。

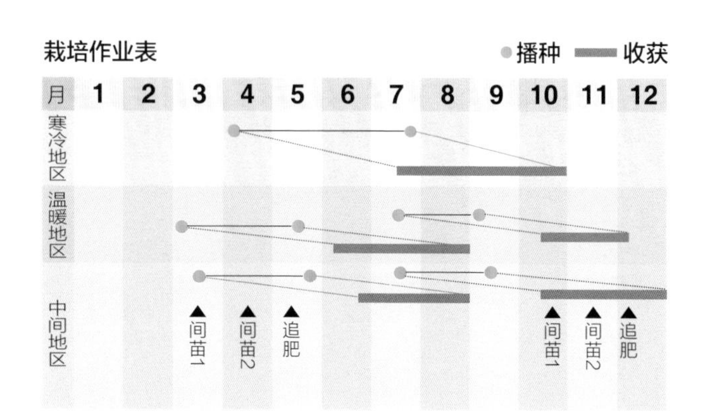

Check!

播种

3月中旬至5月下旬
7月中旬至9月上旬

需要准备的物品

1.种子、花盆、土壤、钵底石、移植用的小铁铲、勾画直线的小棍。

2.做2条5毫米深度的直线。发芽需要充足的光照，因此不要挖掘太深。

播种

3.每隔1厘米处播种。表面覆盖一层薄薄的土壤，用手掌轻轻按压。覆盖的土壤量以种子若隐若现为佳。干燥会导致植株生长不良，所以不可欠缺水分。

Check!

间苗

播种后7～10天

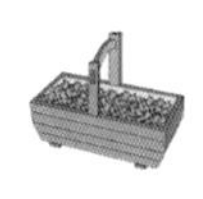

间苗使植株间保持3厘米的间隔。（间苗1），培土，防止根部摇晃。
再过2周后，间苗，使植株间保持5～6厘米的间隔（间苗2）。培土。

Check!

追肥

完成间苗2约2周后

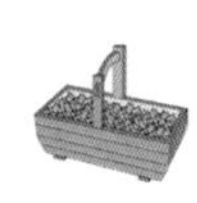

在根部追施一纸袋化肥（约10克）。注意要均匀撒播。之后，根据植物的生长状况每2周追施一次化肥。

Check!

收获

追肥6～7周后

播种后11～12周后为收获期。从根部粗壮的植株开始收获。

香草类

在花盆中栽种香草，清淡的香味使人的心情放松，收获越勤，其侧芽生长越快。你是不是已经被它的魅力吸引了呢？在这里介绍 5 种香草的培育方法。

盆栽的要点

混合栽培时建议将向下垂的和较矮的植株种植在前面，较高的植株种植在正中间或后面。植株的间隔应大一点。与其他蔬菜一起种植时，蔬菜收获后的空地也可供香草生长。照片中就是以鼠尾草为中心，金黄色生菜、牛至、迷迭香、意大利芹等混合栽培的例子。土壤为果菜用土。

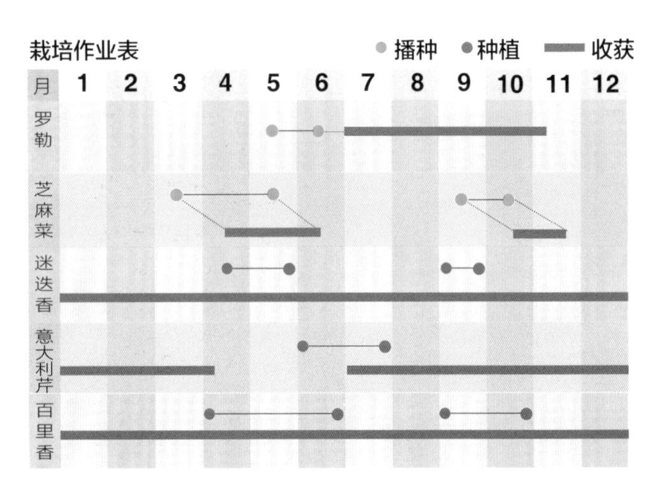

【香草】罗勒

Check! **播种**

5 月中旬至 6 月中旬

需要准备的物品

1.种子、花盆、土壤、钵底石、移植用的小铁铲、勾画直线的小棍。

播种

2.做2条5毫米深的直线。每隔1厘米处播种，表面覆盖土壤。由于罗勒的种子发芽需要充足的光照，所以不可挖掘太深。

Check! **间苗**

播种后约 10 天

发芽后间苗保持3厘米的株距（间苗1）。此后当本叶长到2枚时（17~20天），保持5~6厘米的间距进行间苗（间苗2），并追施化肥。2周后进行第3次间苗，株距保持在15~20厘米之间，再一次追肥。

Check! **收获**

追肥后 6 ~ 7 周

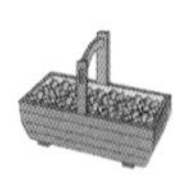

播种后约2个月，植株长到20厘米高时可进行收获。收获时保留侧芽，仍可不断生长。结了花穗后，营养成分会被花朵吸收，要摘除。

【香草】芝麻菜

播种

3月中旬～5月中旬
9月中旬～10月中旬

需要准备的物品

1.准备种子、花盆、土壤、钵底石、移植用的小铁铲。

播种

2.种子从较高的位置向下播撒。

3.表层覆盖土壤并轻轻按压。

4.浇入足量的水。

间苗

播种后7～10天

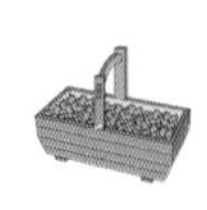

1.发芽后的状态。播种后7～10天。

2.保持株距为3厘米，认真地间苗。

3.间苗后的状态。

追肥

间苗后约1周

当植株长到5~6厘米时，从根部追施化肥（约10克）。

收获

追肥后1～2周

1.当叶子长到10厘米左右时进入收获期。

2.摁住根部用剪刀剪切，进行收获。

花朵也可以食用的芝麻菜

胡麻油的风味和辛辣味为芝麻菜的特征。果实和花都可以食用。早春2月开始抽芯，略带红色的小白花开放后，菜花也同样可以摘取添加到沙拉中。稍微用开水焯一下，凉拌，就可以享受早春的微微的苦味。此外，白菜、小松菜、青菜等的花朵也很美味。

【香草】迷迭香

Check! **移植**

4月中旬至5月下旬，9月

需要准备的物品

1.幼苗、花盆、土壤、钵底石、移植用的小铁铲、勾画直线的小棍。

移植

2.挖掘移植用的坑。

3.选择健壮的幼苗。

4.将两株幼苗按等间距进行移植。

Check! **追肥收获**

移植后3～4周

1.经过3～4周后植株生长到此高度。这时已经可以收获了。

2.轻轻地追施化肥。

3.收获时在节的上部、茎的中间用剪刀剪切。保留下方的腋芽，使其继续生长。由于迷迭香是常绿植物，可以在年内收获，也可以等长到7～8厘米时剪取插枝，可生长出新枝。

【香草】意大利芹

Check!

移植

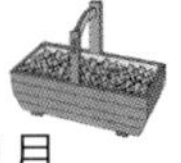

4月上旬～5月下旬、9月

需要准备的物品

1.幼苗、花盆、土壤、钵底石、移植用小铁铲。

移植

2.空出10厘米的间隔种植3棵植株。

追肥

移植后2～3周

1.追施一纸袋化肥。

2.摘掉颜色变黄的枯萎叶子。

收获

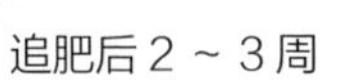

追肥后2～3周

1.成熟后的意大利芹。

2.用剪刀从根部剪切外侧的叶子进行收获。意大利芹与常见的西芹相比，苦味较淡，是肉料理和鱼料理的重要佐料。

【香草】百里香

Check! 移植

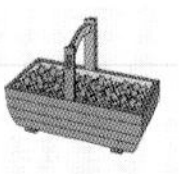

4月上旬至6月下旬
9月上旬至10月下旬

需要准备的物品

1.幼苗、花盆、土壤、钵底石、移植用小铁铲。

移植

2.将幼苗移植在花盆的中央位置。

Check! 追肥

移植后约1个月

1.追施少量化肥。

Check! 收获

追肥后1～2个月

1.生长至溢出花盆。

2.收获时用剪刀剪掉顶端。由于是常绿植物，一整年都可以收获。可以用来增加肉料理的香味，也可利用插枝长出新株。

Chapter 2 秋季种植的要点

我们经过了夏季的酷暑，逐渐迎来了火锅的季节。心情也焕然一新，来种植秋季蔬菜吧。

白菜、萝卜、茼蒿、小松菜、水菜、冬葱等适用于火锅的蔬菜生长旺盛。自己栽培的蔬菜可以制作一个健康的火锅。

秋冬蔬菜的栽培中，在生长前半阶段有必要预防残暑，后半阶段要采取防冷对策。9 ~ 10月期间，防治蚜虫、小菜蛾等成为重要课题。铺设寒冷纱或使用安全药剂，可以减少污染。此外，作为防寒的对策，铺设寒冷纱，还可起到保温的效果，从而延长收获时期。豌豆、蚕豆等需要越冬的蔬菜，当表土干燥时，应在冬季温暖的上午进行浇水。

进入 11 月，寒冷进一步加剧，白菜、萝卜等播种晚一点时尚未形成子球，进而出现不肥大的现象。要注意播种的时间。

迷你萝卜

在花盆中种植 15 ～ 20 厘米的迷你萝卜就可以了。从泥土中拔起来的喜悦也是别有一番滋味。迷你萝卜不仅含有丰富的叶红素和维生素 C，内含的淀粉酶还可以分解淀粉，从而起到促进消化的作用。

盆栽的要点

准备一个较深的容器和没有大块“硬疙瘩”的土壤。最终收获时要保持每株苗之间存在 15 ～ 20 厘米的空隙。在合适的时期进行间苗，保留合适的株数，促进植株生长。

栽培作业表 ●播种 ▬收获

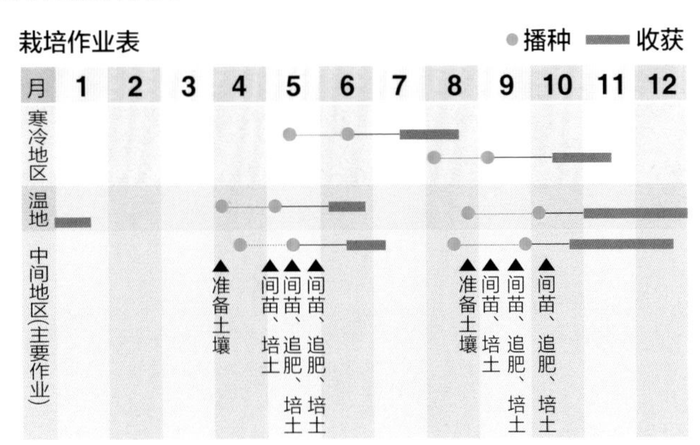

适合栽培的品种

萝卜2号

茎部为青色的小型品种，易栽培。长约20厘米。秋季和春季都可以播种。

Koro爱

长22～25厘米，粗约7厘米的迷你萝卜。除了夏季之外，几乎全年都可以收获。

辛味

长度和直径接近7厘米的球形。味道辛辣，可以用作作料。

Aisikuru

长约10厘米的迷你萝卜。外表为透明的白色。适合于制作沙拉。

甜煮萝卜

柔软，容易入味，比较适合于做煮菜和炖菜。

管理的要点

❶ 容器和土壤

使用较深的大型容器（深约30厘米，容量为25升以上），使用麻袋或肥料袋种植也可以。土壤选择果菜用土。

❷ 放置场所

放于日照充足、通风良好的地方。

❸ 浇水

当盆中的土壤表层变干时，就要给予充足的水分。

❹ 肥料（追肥）

在第2次和第3次间苗时追肥，此后约1周后追肥，共计3次。

❺ 防病虫害

属于油菜科的蔬菜，叶子容易招致虫害。栽培初期铺设寒冷纱可以有效抵制害虫的入侵。当出现小菜蛾、蚜虫时，考虑到安全因素，建议喷施安全的BT溶剂。

❻ 收获

有的品种在播种后55天即可收获。

小知识

克娄巴特拉七世也曾食用过

在古代埃及，萝卜被广泛种植。公元1世纪，罗马作家加图在《农业》一书中，使用萝卜（拉丁语 radix 直译而成）这一词汇。15～16世纪，从欧洲传播到各地，一直到现在。日本的萝卜为日本式胡萝卜和萝卜的总称，品种非常丰富。

播种

8月下旬至9月
4月中旬至5月中旬

需要准备的物品

1.种子、花盆、土壤、钵底石、小铁铲。

2.往花盆中放入钵底石，可以盖住底部的程度即可。

3.放入培养土，留出约2厘米高度的空间来浇水。要将大块儿的土壤和肥料要弄碎。

播种

4.利用容器做出深1～2厘米、间隔约15厘米的小坑。

5.每个小坑中放入5粒种子。

6.用土壤覆盖种子，并用手轻轻按压。

7.浇入足够的水分。

间苗

播种后 1 ~ 2 周

1.露出了5株×4=20株嫩芽。

2.从5株中挑选2株较弱的拔掉。每个坑内留下3株。

3.从周围培土，防治根部摇晃。

4.一共有3株×4=12株。

5.浇足够的水分。

间苗 2

间苗 1 后 1 周

1.3株×4=12株长大了。本叶长到3~4枚时的状态。

2.然后每个坑中拔掉一株，各留下2株。

3.追施一纸袋化肥（追肥 1，约10克），在根部培土。

4.共有2株×4=8株。

Check! 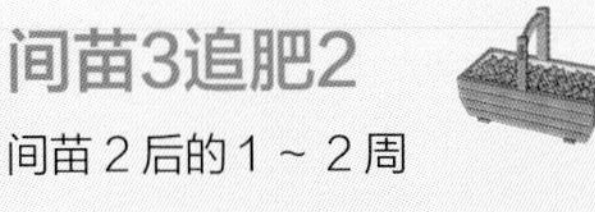

间苗3追肥2

间苗 2 后的 1 ~ 2 周

1.从2株×4=8株、本叶为5~6枚的状态逐步减少到每坑一株。间出来的萝卜苗根部也有少许膨胀，享用其柔软美味的菜叶也是一种乐趣。

2.追施一纸袋化肥（追肥2，约10克）。

3.在各株萝卜的根部进行培土。

4.一共有1株×4=4株。收获之前无须再间苗，追肥2后1~2周再一次追施化肥。

间苗时的注意事项

卜等直根类作物不能将幼苗从培育盆移植到其他地方，拔起来之后细小的根部会断裂，无法进行重新栽培，所以必须要进行播种，然后通过间苗后留下所需的植株。

每次间苗时，要慎重地选择遗留植株。注意拔出时不要伤到其他萝卜的根系。

Check!

收获

间苗 3 后约 3 周

1.当萝卜露出了地面且外侧的叶子垂下时，进入收获时期。

2.用双手握住叶子的根部，小心地拔出。

3.生长笔直的迷你萝卜。当遇到块状的土壤和肥料时可能会分叉成两部分。

欣赏美丽的花朵

如果不收获迷你萝卜使其继续生长，会开出可爱的白色花朵，可用来观赏。

培育心得

培育笔直的萝卜

培育笔直的萝卜，要使用足够深的花盆。将土壤粉碎后去除小石块，确保堆肥保持无块状态。

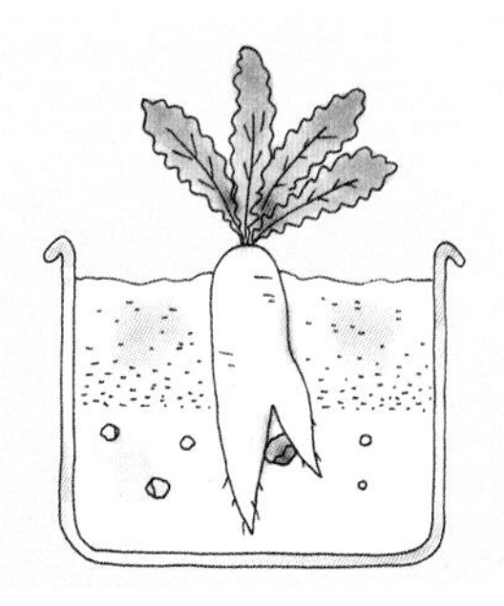

菠菜

绿黄色蔬菜的代表。可以分为春季播种和秋季播种。秋季播种时正值寒冷季节，所以味道更加甘甜。从凉拌、炒菜到沙拉，适用于各种料理。从种植到收获只需 1 个月左右，非常适合盆栽。

盆栽的要点

秋季播种应在 9 ~ 10 月进行，11 月以后会导致生长不良。种子包裹在果皮内，因此，在发芽之前要勤浇水。没有必要在夜晚的照明等方面下工夫。

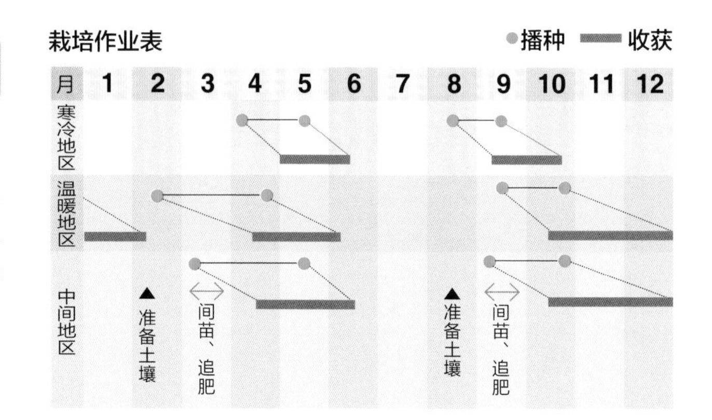

适合栽培的品种

Annnanr4

植株生长旺盛，秋冬收获的菠菜。容易摘收。抗病虫能力强。

赞比亚

肥厚有光泽的叶子，抗霜霉病能力强。从夏末到秋天都可播种。春季也可以。

Birllbu

根部为红色，味道可口。抗霜霉病的能力强。秋冬季收获的品种，春季也可收获。

Dinnpuru

叶子柔软，涩味不严重的品种。作为沙拉食用十分美味。

Mahoroba

抗病毒能力强，产量高，味道可口，易栽培。

日本菠菜

抗病毒能力强，植株生长旺盛。秋季播种可进行无农药栽培。

管理的要点

❶ 容器和土壤

标准型号的花盆。土壤选择叶菜用土。

❷ 放置场所

放于半阴凉处，夜间照明会导致抽芯，所以尽量避免放置在灯光下。

❸ 浇水

发芽之前要勤浇水，但注意不要过量。发芽后，盆中的土壤表层变干时，要给予充足的水分。

❹ 肥料（追肥）

追施2次肥。也可以追施液体肥料。

❺ 防病虫害

不易感染病虫，可无农药栽培。

❻ 收获

播种后30～35天，植株长到20～25厘米高度时就可收获。

小知识

大力水手的力量之源

一提到菠菜，人们就会不自觉地想到大力水手，食用罐装菠菜后就会爆发出无穷的力量。这原本是罐头厂家用于宣传的形象。

暂且不论大力水手这样的超人是否果真如此有力量，菠菜中含有丰富的叶红素、维生素C和铁，是一种健康的蔬菜，这一点是毋庸置疑的。

菠菜原产地为西亚，从此处向东西方向传播，普及并衍生出多种品种。

Check! 播种

8月下旬至9月
4月中旬至5月中旬

需要准备的物品

1.种子、花盆、土壤、钵底石、移植用的小铁铲、勾画直线的小棍。

2.放入钵底石，以遮盖住钵底网的程度为宜。

播种

3.放入土壤，留出约2厘米高度的空间来浇水。在播种的位置用小棍印两条深约1厘米的直线。

4.每隔1厘米处播种，采用条播的方法。

5.用土壤轻轻覆盖好种子，使种子不露出地面。浇入足量的水分。

Check! 间苗

播种后1～2周

本叶长出了1～2枚时，以3～4厘米的间隔标准进行间苗。

Check!

追肥 1

间苗后约 1 周

1.本叶长出4枚时进行第1次追肥。将一小袋化肥（约10克）轻轻地均匀播撒在根部。

2.在植株根部培土。

Check!

追肥 2

追肥 1 后的 1 周

1.当植株长到7～10厘米的高度时，以同样的方法进行第2次追肥。切勿忘记培土。此时，间出的嫩苗也可食用。

Check!

收获

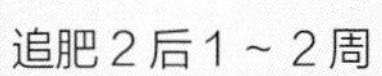

追肥 2 后 1 ～ 2 周

1.当植株长到20～25厘米高度时进入收获期。

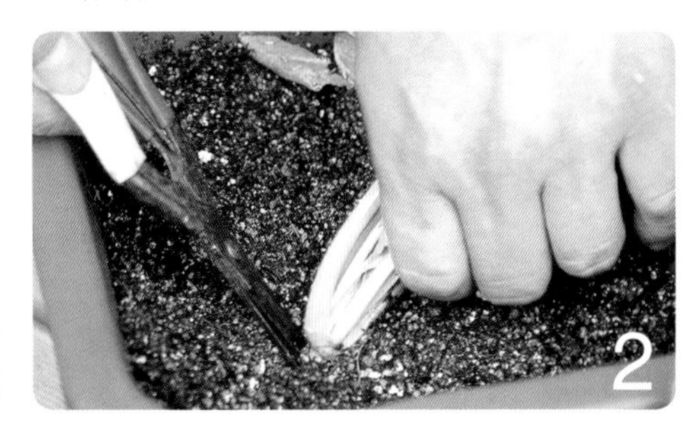

2.将剪刀插入根部，从根部剪切进行收获。

迷你白菜

冬季火锅中不可缺少的基本蔬菜。普通白菜重约 2 ~ 3 千克，最近只有 1 千克重的迷你小白菜也上市了。迷你白菜正合适于盆栽。结球稍微有点困难，但收获时也是格外喜悦。一定要尝试一次。

盆栽的要点

品种不同，播种的适当时期也会有所差异。要遵守播种的时期。播种过早，在酷暑时期易感染虫害，播种太晚，会导致结球困难，过早抽芯。移植后的管理中切勿缺乏水分和肥料。

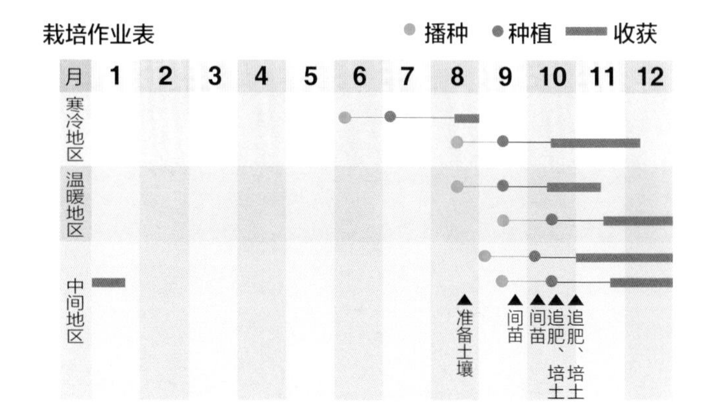

适合栽培的品种

生菜

重约1千克的迷你白菜。春末播种初夏即可收获的极早熟品种。可用于沙拉。

富风

播种后65天可收获初期的迷你白菜，后期可收获大株白菜。播种期为整个8月。

青海小型白菜

夏季也可以收获。叶子柔软。6月下旬到8月上旬播种。

生菜姑娘

播种后45~50天即可收获的极早熟品种。叶子柔软，可用于沙拉和浅腌。

矮鸡

重0.5~1千克。春季可播种。

夏季播种的生菜

0.75~1.25千克。叶子柔软且有甜味，可以生吃。

管理的要点

❶ 容器和土壤

从普通型号到大型花盆中栽入2棵植株。土壤选择叶菜用土。

❷ 放置场所

放于日照充足、通风良好的地方。

❸ 浇水

当盆中的土壤表层变干时，就要给予充足的水分。

❹ 肥料（追肥）

移植后2周和4周各施一次肥。肥料缺乏会导致外侧叶子生长缓慢，从而影响结球。

❺ 防病虫害

容易感染蚜虫、青虫、小菜蛾等害虫。

❻ 收获

移植后约60天就可以收获了。

小知识

冬日的维生素C

白菜的原产地为中国的东北部。

白菜中含有漫长的冬季中容易缺乏的维生素C和多种矿物营养素。

由于可以长期保存，是冬季的重要营养源，备受人们青睐。

传入日本的历史较短。据说是从明治时期开始的。水分含量占总量的92%，且富含膳食纤维，所以有利尿效果，也可用于减肥。

尤其是迷你白菜，即使生吃口感也很好，火锅吃腻后也可用于沙拉。

Check!

培育杯播种

9月中上旬

在底部铺设一层钵底网后将土放入培育杯中。用手指扎5个深约1厘米的播种坑。每个坑内放入一粒种子，用土覆盖。2个培育杯中共放入10粒种子。

Check!

间苗1

培育杯播种1周

1.第一枚本叶长出来后进行第一次间苗。

2.从5株嫩芽中拔出柔弱的2株，留下3株。拔出之后，要轻轻按压，以防根部摇动。

间苗2 · 追肥1

间苗1后1周

1.3株植株生长，长出2~3枚本叶。

2.从3株中间掉1株，留下2株。

3.追施少量肥料（约1克），在整个培育杯中播撒，进行第一次追肥。

Check!

移植

间苗2后2周

1.当本叶长到4枚时，间苗只留下1株，本叶长到5～6枚时移入花盆中。准备幼苗、土壤、花盆、钵底石、移植用小铁铲。

2.铺设钵底石，放入土壤，移植幼苗。将从育苗杯中拔出的幼苗原样放入挖掘的坑中。2株的间距为30～40厘米。

3.浇入足量的水。

追肥2

移植后2周

1.本叶长出了10～15枚，这时进行第2次追肥。

2.追施一纸袋化肥（约10克），均匀地撒播在表土上。

1.植株不断长大，但尚未结球。

2.用手拨开叶子，在土壤的表层追施一纸袋化肥（约10克），浇水。

要重视防虫对策

白菜等油菜科植物非常容易感染蚜虫、小菜蛾、青虫等害虫，要经常察看有无虫害。

即使如此也要尽量避免使用过多的农药。为了培育自家栽培的“既安心又可口”的蔬菜，要注意以下几点：

1. 良好的通风和排水可以有效预防。
2. 使用寒冷纱栽培，防止病虫的入侵。
3. 一旦发现害虫立刻用手捕捉。
4. 使用材料安全的药剂。

比较安全的药剂有以下几种。药剂不仅喷在叶子表面，还要喷施于易感染病虫的叶子的内侧。

种类	对象	特征
BT溶剂	小菜蛾青虫	小菜蛾杆菌制成的生物农药
油酸钠溶液	蚜虫	蚜虫肥皂为主要成分
淀粉溶液	蜱	蜱淀粉为主要成分

Check! **收获**

追肥3后2～3周

1.内侧结球且变硬后进入收获期。

2.将外叶展开，用菜刀从结球部分的根部割下收获。

欣赏美丽的花朵

白菜是一种非常脆弱的蔬菜。

移植的时期和温度，追肥的时间不合适就无法结球，而导致抽芯。

结球失败后还可以欣赏美丽的花朵。摘取抽芯后鲜嫩的花茎加以凉拌也可食用。

茼蒿

作为日本火锅、清炖雏鸡的必备蔬菜，茼蒿在日本很受欢迎。茼蒿含有丰富的胡萝卜素，微微的苦味与独特的香味很能引起人们的食欲。茼蒿在摘收后还可以不断再生，可以长时间地享受收获的喜悦。

盆栽的要点

由于会陆续不断地长出腋芽，所以可以长期收获，在此期间不要忘记追肥。2 周追一次肥可促进植株的再生长。不易感染害虫，无农药栽培也可收获，建议初学者尝试。

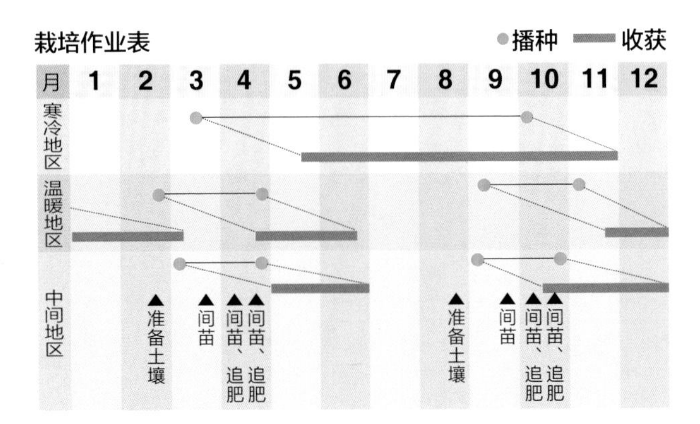

适合栽培的品种

菊次郎

柔软，香味浓郁。此品种收获时需要连根拔起。

Satonisiki

不容易煮散是一大特点，故适用于煨炖菜或炒菜。果实形状微偏长。

杆状茼蒿

茎部较长，上面是小型的叶子。生长速度快，易栽培。

Omaku

多侧枝，既可以摘叶收获，也可连根拔起。

中叶茼蒿

叶子多齿形，叶质肥厚，香味浓厚。可进行无农药栽培。

管理的要点

❶ 容器和土壤

使用标准型号的容器。土壤选择叶菜用土。

❷ 放置场所

宜放于半阴凉处。

❸ 浇水

当盆中的土壤表层变干时，要给予充足的水分。生长初期要小心浇水过量和过度干燥。

❹ 肥料（追肥）

到收获之前要进行施肥。收获之后也要每2周施一次肥，促进植株生长。

❺ 防病虫害

不易感染害虫，可进行无农药栽培。

❻ 收获

播种后5～6周就可以收获。收获时要保留腋芽，但有的品种需要连根拔起进行收获。

小知识

叶子的种类

原产于地中海沿岸，经中国传入日本的茼蒿，在关西地区也被称为“菊菜”。作为蔬菜食用的主要在亚洲地区，在欧洲主要用作观赏植物来栽培。

以叶子的花形为基准，可分为大叶种、中叶种、小叶种。现在市场上销售的大多为中叶种。无论何种品种都应在其新鲜时进行采收，享用其美味。

Check!

播种

9月上旬至10月
3月上旬至4月下旬

需要准备的物品

1.种子、花盆、土壤、钵底石、移植用的小铁铲、勾画直线的小棍。

2.放入钵底石，以遮盖住钵底网的程度为宜。

3.放入土壤，留出约2厘米高度的空间来浇水。

需要准备的物品

4.利用小棍，在播种的位置处压2条深1厘米左右的直线。

5.每隔1厘米处播撒种子。

6.茼蒿的种子喜光，因此在种子表面覆盖一层薄薄的土壤，轻轻按压土壤。

7.浇入足量的水。

Check! 间苗 1

播种后 2 周

1.长出了2片叶子和1枚本叶。

2.间掉生长柔弱的苗，使植株株距保持在3～4厘米。

3.从周围轻轻地培土，防止根部摇晃。

4.第一次间苗完成。

5.浇入足量的水。

Check! 间苗 2 · 追肥 1

间苗 1 之后 1 周

1.本叶长到3～4片时进行间苗，使植株株距保持5～6厘米。

2.在土壤表层轻轻地均匀地播撒一小袋化肥（约10克）。

3.培土并轻轻按压根部。

4.第2次间苗结束，浇入足量的水分。

Check! 间苗 3 · 追肥 2

间苗 1 之后 1 周

1.本叶长到6～7枚时进行最后一次间苗，使植株株距保持在10～15厘米，间出的蔬菜不要丢弃，可凉拌后食用。

2.追施约10克化肥。培土。

3.最终间苗结束。

Check!

收获

间苗 3 后的 1 ~ 2 周

1.植株长到20~25厘米时进入收获时期。

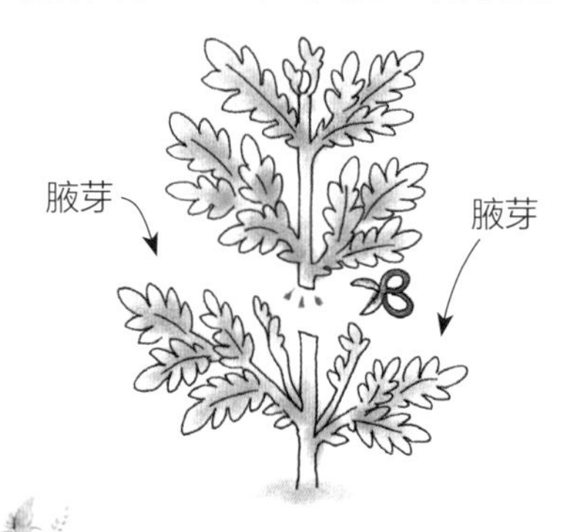

2.摘取主枝进行收获，留下根部附近的腋芽。过一段时间这些腋芽会长出新的嫩叶，可以收获2~3次。

刚采摘的新鲜茼蒿的香味。

欣赏美丽的花朵

保留一部分植株不进行采收，使其平安过冬，到了第二年初春，盆栽就可以用作观赏用了。可以欣赏到类似于木茼蒿的可爱的花朵。菊花类大多在秋季开放，而茼蒿的花是在春季开放，故改名为“春菊”更合适。

水菜

水菜最初大多是作为火锅而登场的，最近以其清脆爽口的口感开始受到人们的青睐。很多情况下，水菜也会用于制作沙拉。将其摆放在窗台上观赏，会给人一种清爽的感觉。

盆栽的要点

尽量选择一个月内即可收获的品种，或者选择植株长到 25 ~ 30 厘米大小时即可间苗收获的较小植株品种。注意虫害和株距，之后的作业就简单多了。

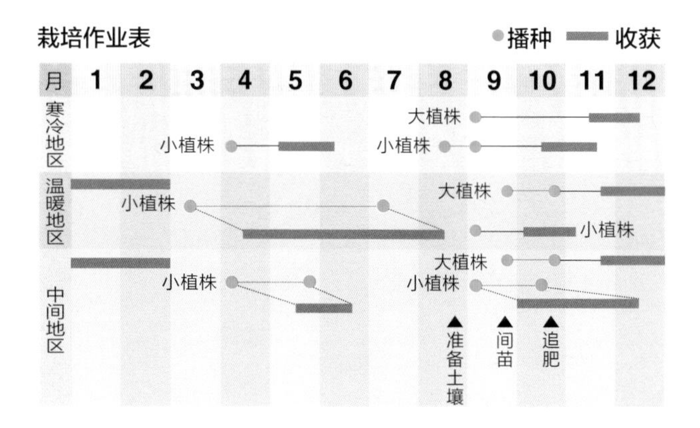

适合栽培的品种

壬生菜

壬生地方栽培的京蔬菜。叶质较厚，叶子为椭圆形，不易切断。

早生水天

耐鲜、绿色的叶子和细白的茎。多水分，适用于做沙拉。生长速度快。

绿扇2号

茎宽大的水菜。主要在关东地区种植。适合于腌菜、火锅和沙拉。

沙拉京水菜

清脆爽口，适用于沙拉和腌菜。植株长到15～20厘米时即可收获。

京水菜

口感松脆，苦味清淡，适用于腌菜和火锅。

管理的要点

❶ 容器和土壤

使用标准容器。土壤选择叶菜用土。

❷ 放置场所

宜放于半阴凉处，为了防止过早抽芯，要放置在夜晚灯光照射不到的地方。

❸ 浇水

当盆中的土壤表层变干时，就要给予充足的水分。

❹ 肥料（追肥）

到收获之前只需追一次肥。收获后为了使剩余的植株能继续生长，再次施肥。

❺ 防病虫害

为了防止虫害，可在播种后到收获之前覆盖寒冷纱进行栽培。

❻ 收获

播种后1个月，进行间苗收获。

小知识

火锅中不可缺少的食料

从最初被称为“京都的青菜”到“水菜”的京野菜，在老家京都一直家喻户晓。加入此种食料的火锅被称为“清脆火锅”，原本为水菜和鲸肉的火锅，最近也与猪肉或鸭肉相搭配，油炸豆腐与水菜相搭配等含有水菜的火锅都可称为“清脆火锅”。

“清脆”是指水菜的口感。正因为其清脆爽口，容易煮烂，因此，为了享受这种香脆的口感，最近水菜也经常用于制作沙拉。

Check!

播种

9月上旬至10月中旬
4～5月

需要准备的物品

1.种子、花盆、土壤、钵底石、移植用的小铁铲、勾画直线的小棍。

2.放入钵底石，以遮盖住钵底网的程度为宜。

3.放入土壤，留出约2厘米高度的空间来浇水。

播种

4.利用小棍，在播种的位置处压2条深1厘米左右的直线。间隔为10～15厘米。

5.每隔1厘米处播撒种子，采用条播的方法。

6.用土壤将种子覆盖，轻轻按压土壤。

7.浇入足量的水。

间苗

播种后 1 ~ 2 周

1.播种后1周、长出2片叶子和1枚本叶时。

2.间苗，使植株株距保持在3厘米左右。

3.从周围轻轻地培土，防止根部摇晃。

追肥

间苗后 2 周

1.间苗2周后。

2.追施一小袋化肥（约10克）。

收获

追肥后 1 ~ 2 周

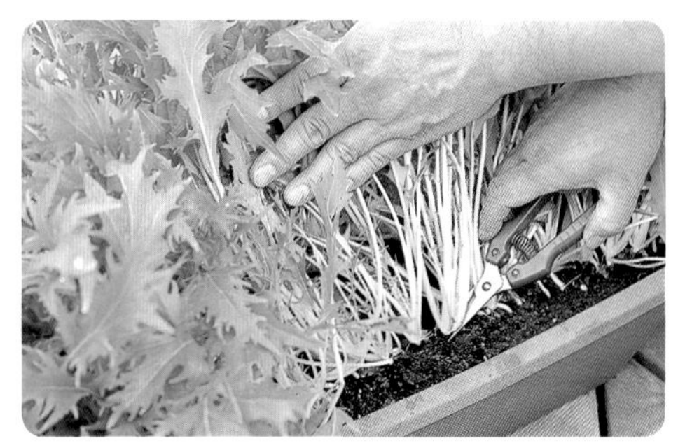

当植株长到25～30厘米时，用剪刀从根部剪切进行收获。根据需用量间苗收获。

小芜菁

雪白柔软的芜菁，煮熟后或腌渍后都带有甜味，味道真是好极了。种类虽然各不相同，但是小芜菁盆栽，却是相当方便。亲手栽培的可爱小芜菁与营养价值很高的叶子搭配可谓营养与美味双丰收！

盆栽的要点

选择直径为 5 ~ 6 厘米的小芜菁，与萝卜一样，为了使根部粗大，必须直接播种。小芜菁易感染病虫，因此在栽种过程中，要全程采取防虫措施。

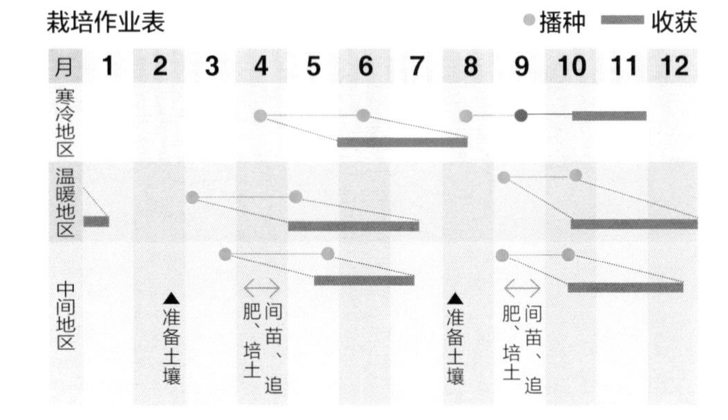

适合栽培的品种

福小町

颜色纯白，表皮纹理细腻的芜菁。不易抽芯，因此长得稍大一点也没有关系。

高藤

很少出现空心和变形等现象。抗病毒能力强。早熟，易栽培。

沙拉芜菁

味道甘甜柔软，适用于沙拉。抗根瘤病等疾病的能力强。

白芜菁

几乎不会发生裂根，容易栽培。可以用作沙拉。

白鸥

耐暑、耐寒能力强。不易发生裂根，易栽培。表皮为白色，有光泽，纹理细腻，口感好。

管理的要点

❶ 容器和土壤

使用标准或大型容器。土壤选择根菜用土。

❷ 放置场所

放于日照充足、通风良好的地方。

❸ 浇水

当盆中的土壤表层变干时，就要给予充足的水分。

❹ 肥料（追肥）

不要缺少肥料，但是施肥太多也会导致叶子疯长，要适量追肥。

❺ 防病虫害

要勤观察和驱逐蚜虫、青虫、小菜蛾等易感染的害虫。

❻ 收获

播种后40～45天，块茎直径长到5～6厘米时收获。

小知识

全世界的青睐

芜菁起源于亚洲和欧洲，从古代开始就受到全世界的青睐。

两种芜菁都传入到了日本，在此基础上，进一步创造出了自己独特的品种。

在《日本书纪》和《万叶集》中都有记载。由于其形状与“镝”相似而得名。

根据大小，芜菁可分为大、中、小三种，适合盆栽的是小芜菁。

与俄罗斯关于“大芜菁”的民间传说一样，猫和狐狸合作也可以轻松地拔出来。

播种

9 月上旬至 10 月中旬
3 月下旬至 5 月下旬

需要准备的物品

1.种子、花盆、土壤、钵底石、移植用的小铁铲、勾画直线的小棍。

2.放入钵底石，以遮盖住钵底网的程度为宜。

3.放入土壤，留出约2厘米高度的空间来浇水。

播种

4.将小棍在播种的位置压2条深1厘米左右的直线，间隔为10～15厘米。

5.每隔1厘米处播撒种子。

6.用土壤将种子覆盖，轻轻按压土壤。

7.浇入足量的水。

Check!

间苗 1

播种后约 2 周

1.播种后2周、本叶长出一枚时。

2.间苗，使植株株距保持在3～4厘米。

3.在植株周围轻轻地培土，防止根部摇晃。浇入足够的水分。

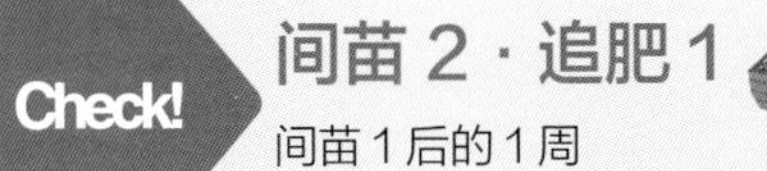

Check!

间苗 2 · 追肥 1

间苗 1 后的 1 周

1.本叶长到3～5枚时，进行第2次追肥。

2.间苗，使植株株距保持在5～6厘米。

3.追施一小袋化肥（约10克）。培土，浇水。

Check!

间苗 3 · 追肥 2

间苗 2 后的 1 周

1.本叶长到5～6枚时进行最后一次间苗，使植株株距保持在10～12厘米。间出的蔬菜可做成酱汤。

2.追施约10克化肥。

3.在这棵植株的根部培土。

4.间苗结束。这样一直生长到收获。

培育心得

要小心小芜菁裂根

- 如果不及时收获，芜菁的块茎会长得过大，从而出现破裂。此外，还会产生空心，使块茎质量下降。应在此之前按期收获。
- 小芜菁在长到直径为5～6厘米时即可收获。此外，持续干燥一段时间后突然浇水也会导致破裂。
- 注意收获期间土壤不要太干燥，慌慌张张地浇水会导致小芜菁破裂。
- 此外，植株间距太小时，块茎会发生变形。
- 通过适期、适量地间苗，可以培育出完美的芜菁。

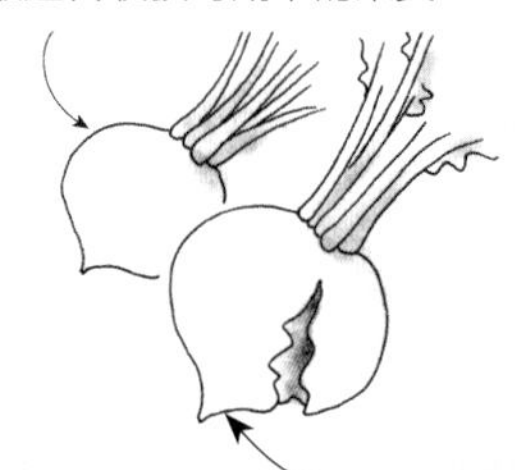

收获

间苗3后的2～3周

1.小芜菁探出了脑袋。播种后约7周，小芜菁长到了直径5厘米左右大小时，就可进行收获了。

2.用两手抓住叶子的根部，将小芜菁轻轻地拔出来。

不要丢弃芜菁的叶子

芜菁的叶子中含有丰富的维生素B、维生素C、胡萝卜素和铁，还含有丰富的膳食纤维，它比芜菁营养价值还要高，可用来炒菜和加入酱汤中，请毫无残留地吃掉吧。

收获后不马上食用时，将叶子和根部分开保存，否则叶子会变黄。

但是，好不容易培养出的新鲜蔬菜，最好还是尽早食用。

叶用莴苣

在花盆中种植叶用莴苣吧，比茎用莴苣的栽培还要更简单。从幼苗移植到收获只需 1 个月左右。采摘新鲜的叶子可直接用于制作饭桌上的沙拉。将各种种类的叶用莴苣混合栽培也是一种乐趣。

盆栽的要点

当从种子开始培育时，要先使用育苗杯进行培育，待幼苗长到一定程度时再移植到花盆中。如果直接购买幼苗进行移植则一个月后即可收获。在虫害之前可进行无农药栽培。

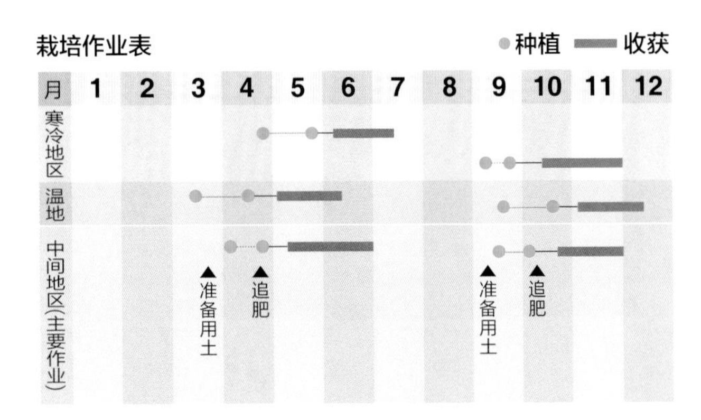

适合栽培的品种

红叶生菜

叶子尖端为红褐色，中间为绿色。在低温环境也可生长，在春季也可以收获。

绿色生菜

叶子肥厚且为深绿色的品种。分为春播和秋播两种。

金黄色莴苣TH88

红褐色的叶子上有宽大的波浪。用于菜肴中可以增加沙拉的色彩。

Chimasanncyu

与烤肉搭配最佳。不易感染虫害，培育方法也很简单。叶子从外侧开始收获。

生菜

抗柔软的叶子适用于三明治和沙拉。耐暑耐寒性强，整年都可以栽培。

Hannsamuguriinn

叶肉肥厚，叶子前端多齿状。移植时间隔为25厘米。

管理的要点

❶ 容器和土壤

标准型号的花盆即可。土壤选择叶菜用土。

❷ 放置场所

放于日照充足、通风良好的地方。但是，应选择夜间灯光照射不到的地方。如果长时间被灯光照射会导致过早抽芯。

❸ 浇水

当盆中的土壤表层变干时，就要给予充足的水分。

❹ 肥料（追肥）

移植后每2周追施一次化肥。

❺ 防病虫害

在虫害之前可以收获完成，因此可进行无农药栽培。

❻ 收获

幼苗移植后约1个月。

小知识

推荐莴苣种类

叶用莴苣是一种不结球的莴苣，掺杂着红色的金黄色莴苣和有着鲜嫩绿叶的生菜是其代表。结球的莴苣比较不易栽培，从移植到收获需要 50 天之久，盆栽还是推荐叶用莴苣。也可以挑战一下将烤肉包裹得严严实实的春菜和半结球的生菜。

由于这种莴苣是从外侧摘取叶子开始收获的，因此，在古代又被称为“莴笋”（日语中莴苣的另一种叫法）。

Check!

移植

9月上旬至10月上旬
4月

需要准备的物品

1.幼苗、花盆、土壤、钵底石、移植用小铁铲。

2.在花盆中放入钵底石，以遮盖住钵底网的程度为宜。

3.放入培养土，留出2厘米左右高度的空间用来浇水。

移植

4.在花盆中每隔20～25厘米处挖小坑。将幼苗移植入花盆中。

5.浇入足量的水。

Check! 追肥

移植后 2 周

在土壤表层轻轻地撒播一纸袋化肥（约10克）。

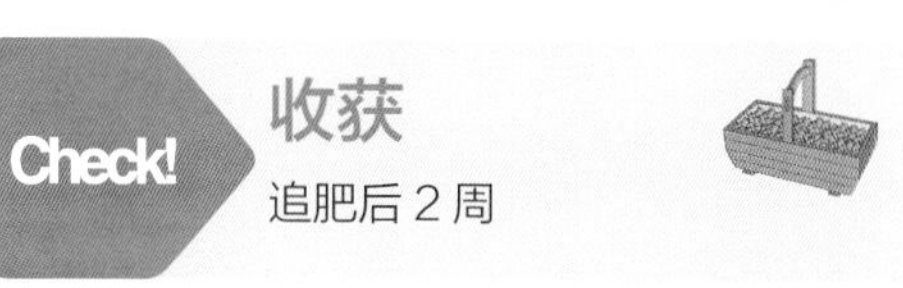

Check! 收获

追肥后 2 周

1.植株长到25~30厘米大小时，进入收获期。

2.从外侧一枚一枚剥取叶片进行收获，或者从根部直接剪切进行收获。

乐享各种变化，享受多种蔬菜的混合栽培带来的乐趣。

五彩缤纷的莴笋组合。

金黄色莴苣的两侧种植Sanncyu，可以欣赏多种颜色组成的叶用莴苣。

Sanncyu也是从外侧的叶子开始收获的哦！

洋葱

洋葱可以促进血液循环，其中硫化烯丙基可促进新陈代谢，因而逐渐被人们所重视。洋葱适用于咖喱或炖焖、炒菜等各种菜肴，是不可或缺的日常蔬菜。收获后即可享用其水灵灵的甘甜味。

盆栽的要点

建议在盆栽中采用种植子球的方法栽种，要按时进行移植。此外，发芽后栽种注意不要缺乏肥料。

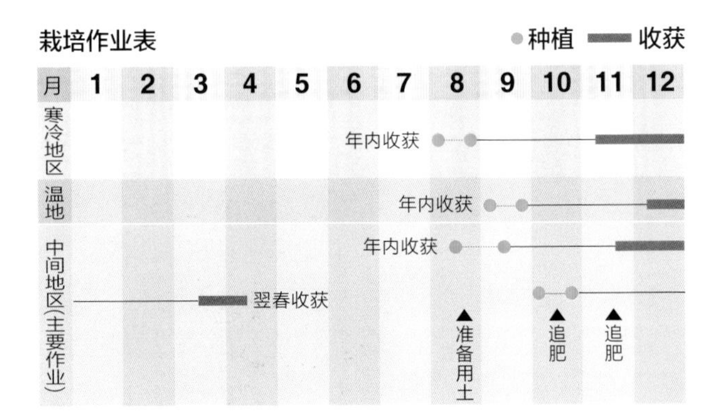

适合栽培的品种

新大地

色泽光亮，贮藏性强，叶子倾倒一周后，果实成熟，可以进行收获。

滨育

9月种植第二年4月收获的极早生品种。味甘。

泉州中高黄

能生长到300~400克。贮藏性强，容易栽培。

湘南红

辛辣和刺激性味道淡，甘味浓，清脆爽口，适用于沙拉。

洋葱Rabyutall

生长旺盛，抗病毒能力强，可以长到300～359克,呈圆形，果肉丰厚。

东京红

味甘，水分充足，柔软鲜嫩，外表鲜艳，适用于沙拉，生食。

管理的要点

❶ 容器和土壤

使用大型容器。土壤选择叶菜用土。

❷ 放置场所

放于日照充足、通风良好的地方。

❸ 浇水

在嫩芽出来之前要特别注意浇水不要过量。

❹ 肥料（追肥）

较多的磷酸有益于植物的生长，所以在底肥中要多追施磷肥。发芽后要追施2次肥。

❺ 防病虫害

几乎不需要担心疾病和虫害。完全可以实施无农药栽培。

❻ 收获预期

当7/10的叶子倾倒时收获。倾倒后果实就已经成熟，但是收获后的新鲜度会逐渐降低。

小知识

洋葱的力量

产于中亚附近的洋葱，据说参与古代埃及金字塔建设的人们经常将其挂在腰间，作为滋养和力量的源泉，是一种非常珍贵的食物。

即使到了现在，洋葱也是我们日常生活中不可或缺的食物。但是令人感到不可思议的是，日本广泛食用洋葱是明治之后才开始。当时作为可以有效防治流行的霍乱的食物，再加上西洋食物的普及，逐渐被大众接受。

Check!

种植

种植年内收获　8 月中旬至 9 月中旬
第二年收获　10 月上旬至翌春

需要准备的物品

1.洋葱组织（子球），花盆、土壤、钵底石、移植用小铁铲。

2.在花盆中放入钵底石，以遮盖住钵底网的程度为宜。

3.放入培养土，留出约2厘米高度的空间用来浇水。

种植

4.将洋葱组织头部朝上并以10厘米的间隔插入土壤中。

5.径直向下摁压，只留顶端露出土面。

6.浇入足量的水，注意不要过量。

Check!

追肥 1

年内收获种植约 1 个月后
第二年收获种植后约两个半月

1.在两列的中间部位追施一纸袋化肥（约10克），均匀地撒开。

2.在植株根部浅层挖掘进行中耕，并在每列的两侧进行培土。

3.培土完成。

Check!

追肥 2

年内收获追肥 1 后的约 1 个月
第二年春收获追肥 1 后约 3 周后

1.在土壤的下方洋葱的根部开始膨胀，此时进行第2次追肥，追施一纸袋化肥。

2.在根部进行培土。

3.在收获之前追肥完成。

Check!

收获

年内收获追肥 2 后 3 ~ 4 周后
第二年收获追肥 2 后约 1 个月 15 天

年内收获在11月中旬至12月，第二年收获在3月中旬至4月进行。

1.像这样茎叶倒伏后就进入收获季节。硕大的洋葱也露出了土表。

2.从根部拔起。

培育心得 洋葱的栽培方法

- 洋葱的栽培方法有播种育苗和幼苗移植。初学者建议使用“洋葱组织栽培”的方法，即种植子球这种小洋葱的方法。
- 8～9月种植，80～90天短时间内即可收获。由于不需要间苗，所以在种植时就要留出10～12厘米的株距。
- 子球在8月时可从种子公司或商店购得。如果无法购得，可以从幼苗开始培育，注意不要种植太早，应在11月中下旬种植。种植太早，会在冬季长大，而导致先期抽苔。

3.收获肥厚的洋葱。

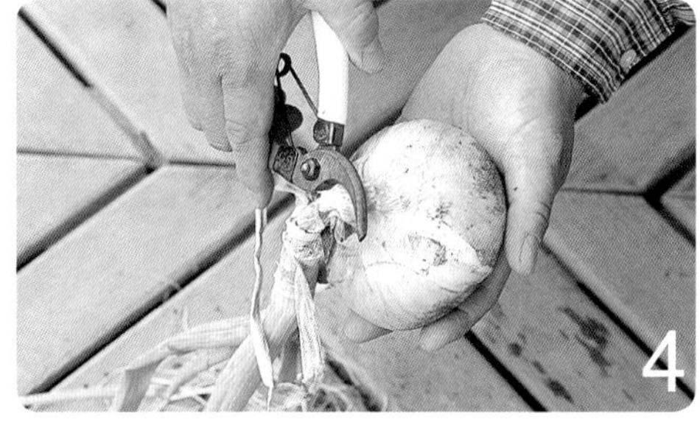

4.剪切掉洋葱的根和叶。

失败例

在第二年春天可以看到抽出球状葱花。在此之前出现，即提前抽芯。

观察断面，提前抽芯（左）的芯部坚硬，口感也变坏。

成功例

冬葱

栽培方法简单的佐料蔬菜，被剪切后仍可以继续生长，是荞麦面条、乌冬面、拉面等不可缺少的佐料。在可以搬动的小花盆中栽培，任何时间任何场所都可以使用。

盆栽的要点

每一处种植 2 ~ 3 个种球。主要不要掩埋太深，要露出顶端的一部分。可以多次收获，所以要经常施肥以促进其继续生长。

栽培作业表

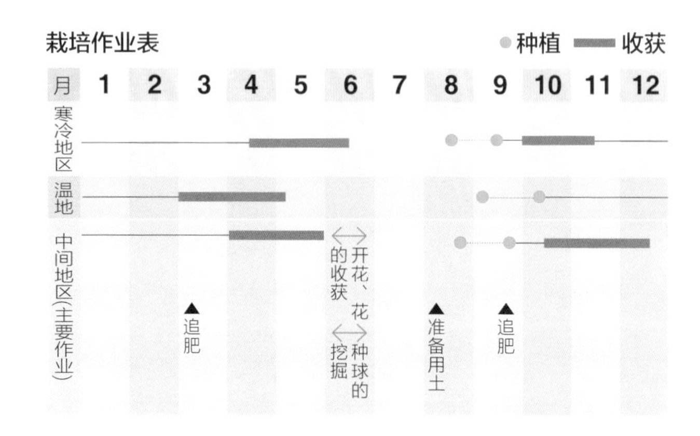

适合栽培的品种

胡葱

耐寒、耐暑能力强，可连续种植2～3年，又被称为麦葱和丝葱。

小葱绿秀

植株生长笔直，姿势优美，低温环境也可生长。

青葱

洋葱的变种，地下鳞茎长大后会分成数个。外表与大葱相似，其实为另外的品种。

冬葱

比大葱细，从根部分成多株为其特征。柔软，有香味。

Menegi

叶葱等的嫩芽，辛辣味不浓的青葱，可以添加到沙拉中生食。

管理的要点

❶ 容器和土壤

在较小的容器中即可种植。土壤可选择果菜用土。

❷ 放置场所

放于日照充足、通风良好的地方。

❸ 浇水

当盆中的土壤表层变干时，要给予充足的水分，但注意在移植后不要浇水过量。

❹ 肥料（追肥）

在收获之前共要追施2次化肥。收获后追施液体肥料，促进植株再生。

❺ 防病虫害

不需要担心疾病与虫害，可以无农药栽培。

❻ 收获预期

当植株长到20厘米左右高时即可进行收获。

小知识

由大葱和青葱演化而来

与大葱相比，冬葱的味道更加清淡、高雅，菜肴中会经常使用到，在韩国料理和朝鲜辣白菜中也是一种不可缺少的食材。

在关西地区，冬葱也被称为细葱，但冬葱并不是大葱的一个品种，是由大葱和青葱交配而成的独立的品种。有的地方将叶葱叶当作冬葱使用。

在左侧专栏中介绍的并不是冬葱的种类，而是与冬葱相类似的几种品种。可以尝试着在花盆中种植一下这些品种。

Check!

种植

8 月下旬至 9 月下旬

需要准备的物品

1.种球、花盆、土壤、钵底石、移植用小铁铲。

2.放入钵底石，以遮盖住钵底网的程度为宜。

3.放入培养土，留出大约2厘米高度的空间用来浇水。

种植

4.挖间隔10~15厘米、深度为2~3厘米的坑。每个坑内放2个球种，头朝上放置。

5.用土覆盖，露出一点尖端。

6.浇入足量的水，注意不要过量。

Check!

追肥 1

种植后约 1 个月

轻轻地追施一纸袋化肥（由于是小型花盆，5克即可），均匀追施。

Check!

追肥 2

追肥 1 后的约 2 周后

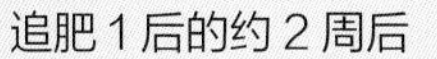

用同样的方法追施。土壤较少的时候只需少量即可。这个时期即可进行收获。

Check!

收获

追肥 2 后约 1 周

1.当植株长到20厘米高度时进入收获时期。

2.用剪刀在距离根部3厘米处剪切，方便再生。

冬葱的再生

收获后追施液肥，可促进新芽再生。半年中可收获多次。夏季来临之前，将冬葱挖出来，带着叶子悬挂在阴凉处阴干。根的部分可再次作为种球使用。

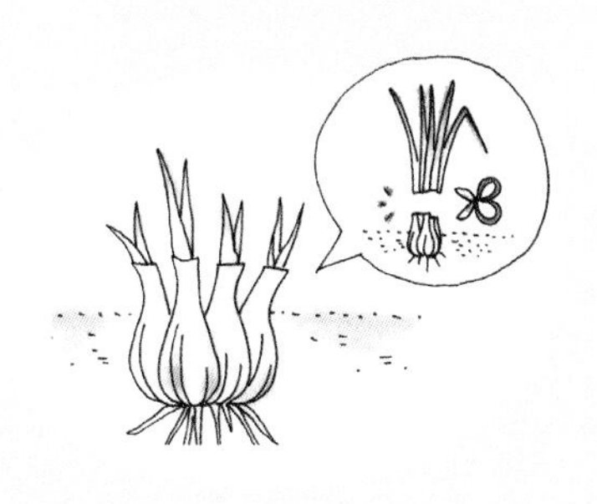

芥菜

腌菜的代表蔬菜——芥菜，用盐深层腌渍或清淡腌渍后，辣乎乎的味道搭配米饭最佳，还是芥末的原材料。植株生长旺盛，会陆续地生长出新鲜的叶子，可以连续不断地收获。

盆栽的要点

点播，要阶段性地进行间苗，使最终株距保持在 15 ~ 20 厘米。适时播种，一年之内即可收获。属于油菜科植物，故易感染蚜虫等病虫，防虫策是很必要的。

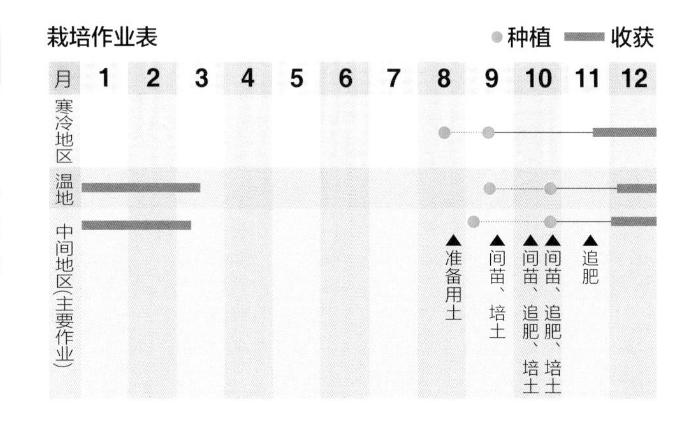

适合栽培的品种

黄芥菜

植株结实，易栽培。春季和秋季都可播种。成熟后的茎叶和花蕾都可以食用。

叶芥菜

强烈的辛辣味是其特色，适合于凉拌和腌渍。

沙拉芥菜

少许的辛辣味，味美，适用于沙拉。

绿色芥子

摘取新鲜的菜叶制成婴儿沙拉，也可长大后用于腌菜或炒菜。

红色芥子

叶子带有红色的芥菜，加入到沙拉中可以增加新鲜感和辣辣的口感。

管理的要点

❶ 容器和土壤

标准型号的花盆。土壤选择叶菜用土。

❷ 放置场所

放于日照充足、通风良好的地方。

❸ 浇水

当盆中的土壤表层变干时，就要给予充足的水分。

❹ 肥料（追肥）

在收获之前，一共要追施3次肥。

❺ 防病虫害

容易感染虫害，所以最好覆盖寒冷纱。需要喷施药剂时，建议使用油酸钠溶剂来防治蚜虫，青虫和小菜蛾喷施BT溶剂等安全药剂。

❻ 收获

当植株长到40厘米左右高度时就可以陆续收获了。

小知识

芥菜的“伙伴儿”

芥菜在日语中写作“辛子菜”，辛子即为芥末的原材料。与菜子相似的花朵凋谢后结出粒状种子，这就是芥末。

此外，芥菜的伙伴儿还有高菜和榨菜。

高菜的体型比芥菜稍大，在日本广泛栽种。

榨菜为中国四川省的特产，茎用芥菜的一种。将肥大块茎用香辛料腌渍成的食品称为“榨菜”，是一种深受欢迎的腌渍食品。

Check!

播种

9 月上旬至 10 月下旬

需要准备的物品

1.种子、花盆、土壤、钵底石、移植用的小铁铲、勾画直线的小棍。

2.放入钵底石，以遮盖住钵底网为宜。

3.放入土壤，要留出约2厘米高度的空间用来浇水。

种植

4.在中央位置处压一条直线。

5.在直线上面每隔5厘米压一个小坑，用空罐制作10个深度约为1厘米的小坑。

6.在每个小坑内放入5~6粒种子。

7.用土将种子覆盖好。

8.浇入足量的水。

1.每颗种子都长出了双叶。

2.拔掉细弱的芽。间苗，每处剩下3棵。

3.在根部轻轻地培土并摁压。第一次的间苗就完成了。

4.浇入足量的水。

Check!

间苗 2 · 追肥

间苗 1 后 2 周

1.本叶长到了3～4枚。

2.从3株一组的植株中剪掉其中的一株，留下2株即可。

3.追施一纸袋化肥（约10克）。

4.在根部培土，浇水。

第2次间苗结束约2周后，本叶长到5～6枚时，进行第3次间苗。从剩下的2株中拔掉一株，然后以同样方法追施化肥。2周后再追施一次化肥。

Check! 收获

间苗2后5～6周

1.当植株长到40～50厘米高时进入收获期。

2.收获方法1：根据需要量先收获外侧的叶子，使内侧的叶子继续生长。这种情况下应追施化肥。

3.收获方法2：可从根部直接用剪刀剪切进行收获。

为何要进行间苗

株和植株之间的间隔称为“株距”，每种植物都有其适当的株距。菠菜和小松菜的株距为3～4厘米,迷你青菜的株距为5～6厘米，子株的株距为10～12厘米。如果不确保合适的株距，植物就无法生长发育，叶子和果实就不能向侧面伸展，最后会长得像豆芽一样瘦弱。要使每棵植株健壮地生长，合适的株距是必要的。

既然如此，为什么不从一开始就按株距来撒种呢？这是由于发芽率和之后的成活率都无法达到100%，为了确保收获量，要多播种然后进行间苗。

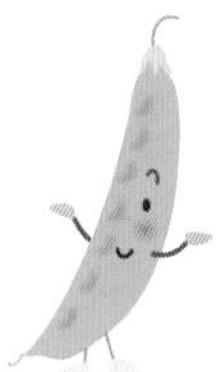

豌豆角

豌豆角含有丰富的蛋白质。立支架后植株会长到很高，开出美丽的花朵。食用新嫩的豆荚的为豌豆角，果实成熟后食用的是青豌豆。安全越冬后，早春即可以享用新鲜的果实。

盆栽的要点

点播。要阶段性地进行间苗，使最终株距保持在 15 ~ 20 厘米。适时播种，一年之内即可收获。属于豆科植物，故易感染蚜虫等病虫，防虫对策是很有必要的。

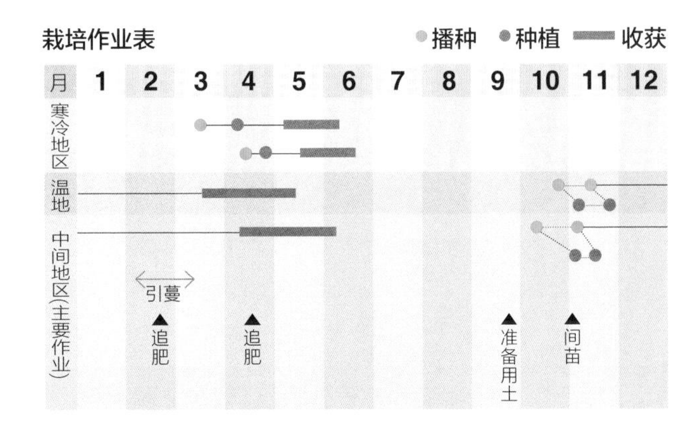

适合栽培的品种

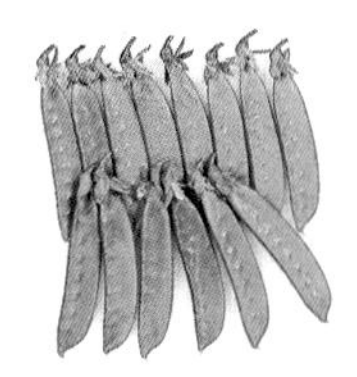

海滨

粉红色花朵的有蔓植物。植株可生长到180厘米左右。耐寒性强，产量高。

Yuusaya

花朵为红色，产量较高。

绿色和平

植株高约150厘米，在完全成熟前收获未成熟的豆荚。

成驹三十日

果实柔软，果粒饱满，耐寒性强。

兵库绢荚

可以生长到150厘米高，适合盆栽。味道甜美的关西品种。

绢荚豌豆

花朵为白色，耐寒性强的品种。豆荚为浓郁的绿色，柔软。

管理的要点

❶ 容器和土壤

使用大型的容器。土壤选择果菜用土。

❷ 放置场所

放于日照充足、通风良好的地方。

❸ 浇水

表土干燥时浇入足量的水。

❹ 肥料（追肥）

长出花蕾后开始施肥，之后根据生长状况适度施肥。

❺ 防病虫害

当发现有虫害时，要及早摘除病叶。

❻ 收获

当豆荚长大，果实微微膨胀时收获。

小知识

图特安哈门的豌豆

从公元前 14 世纪埃及国王图特安哈门的坟墓中与黄金面具一起出土的陪葬品还有豌豆，这是 1922 年的事情。

豌豆粒被英国考古学家霍华德 · 卡特带回了英国，并栽培成功。受人关注的图特安哈门的豌豆粒数量也不断增加，最终传到了日本。

跨越悠久历史但仍能发芽的豌豆，生命力真是让人惊叹。

Check!

播种

10 月下旬至 11 月上旬

1.种子（豌豆角儿）、育苗杯、土壤、钵底网。

2.底部铺设钵底网，育苗杯中放入土壤，深度至手指第一关节处，用手指扎4个孔。

3.每个孔中放入一粒豌豆角儿，先用土壤覆盖，然后再浇水。一共3个这样的培育杯，共12粒种子。

Check!

间苗

移植播种后 2 周

1.幼苗、花盆、土壤、钵底石、移植用小铁铲。

2.从每杯的4株嫩芽中间去最柔弱的一株，剩下顽强的3株。

3.在花盆中间隔20厘米挖3个小坑，将间苗后的植株从育苗杯中拔起种入坑中。

4.用力按压。

Check!

插架

移植约 3 个月至 3 个月 15 天

1.2月下旬至3月上旬，植株长到30厘米左右时立支架。此后会不断长高，所以准备长约150厘米的支架。

2.用铁丝和绳子缠绕支架一周呈灯笼状，将支架固定。根据植株的生长状况，随时补充上面的支架固定。

3.将茎向上牵引，并用绳子系在支架上。绳子呈“8”字形，将茎系在支架上。

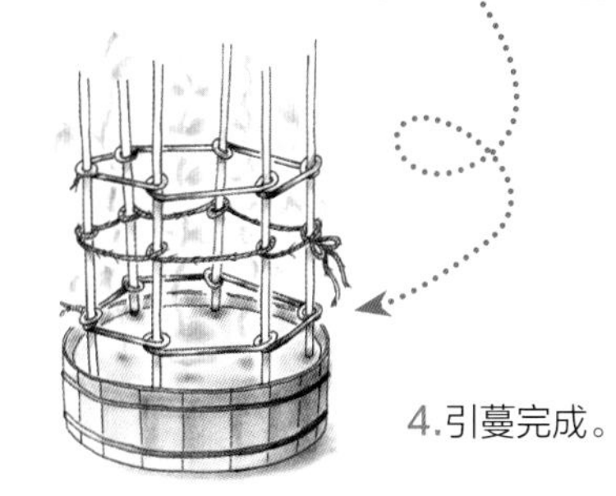

4.引蔓完成。

Check!

加强固定

插架后 3 周

1.插架后经过3周的时间，植株已经长得很高。

2.用铁丝或绳子增加支架段数。按照茎的生长方向牵引其垂直向上生长。

3.引蔓完成。

开花

加强固定后 1 ~ 2 周

植株长到150厘米时，花朵开放。

左图为豌豆的花朵。淡粉色和艳粉色相配，非常漂亮。

右图为开白色花朵的种类。

收获

开花后 2 ~ 3 周

豌豆结出了鲜嫩的果实，马上就可以享受收获的乐趣了！

果实微微膨胀时为最佳收获时期。应在其尚未进一步膨胀时采摘。如收获太晚果实会更加粗大，最后长成了青豌豆。

栽种心得　豌豆的嫩芽成为豆苗

- 豆苗是中国料理中经常出现的高级食材，有很高的营养价值，在中国古代就开始食用。豆苗可以用于炒菜、凉拌、汤菜等，用途广泛。
- 最近市场上销售的豆苗大多是将豌豆像豆芽一样水里栽培后得到的。辛苦了这么久，赶快品尝一下自己辛勤培育的新鲜豆苗吧。

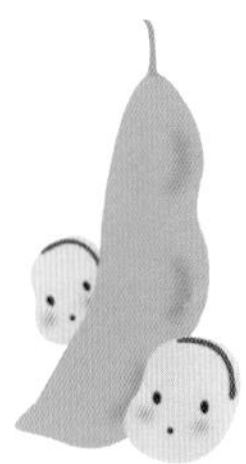

蚕豆

由于蚕豆生长时荚果是直立向着天空的，故在日语中蚕豆也称为“空豆”。将刚采摘的蚕豆用盐腌渍，有无法用言语表达的甘甜味，适合作为下酒菜食用。

盆栽的要点

10 月下旬到 11 月上旬进行播种可以保证安全过冬。由于植株会长得很大，所以不要贪婪，每个花盆中种 2 ~ 3 株即可。整枝和摘芯可确保果实的生长。

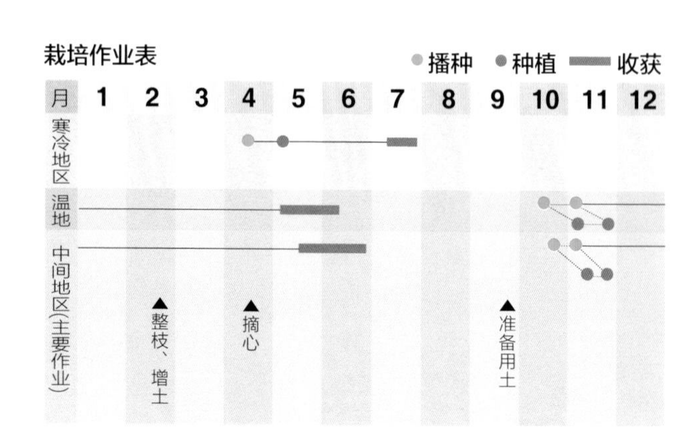

适合栽培的品种

驹荣

春季、秋季都可播种。植株较低。长豆荚有3～4粒豆。

三连

3厘米左右大的豆子3粒。收获量高，保质期长。

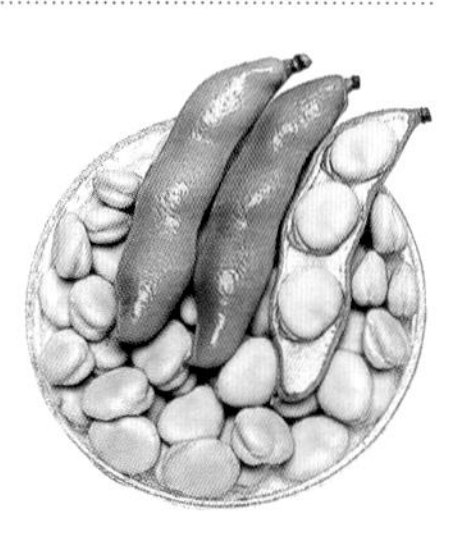

早熟蚕豆

生长旺盛，耐寒和抗病毒能力强，颗粒较小，易栽培。

河内一寸

植株可长到120厘米高。豆子柔软甘甜，耐寒性强。

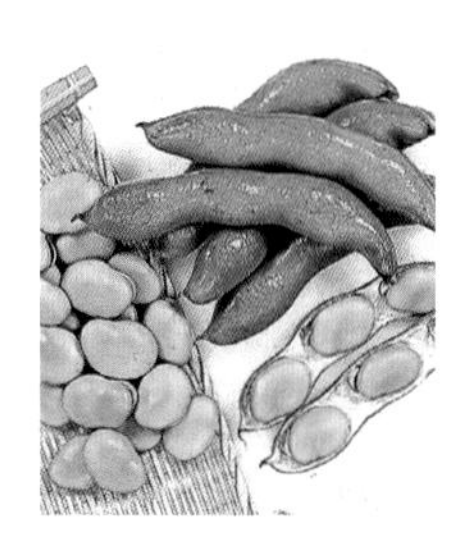

管理的要点

❶ **容器和土壤**

使用大型的容器。土壤选择果菜用土。

❷ **放置场所**

放于日照充足、通风良好的地方。

❸ **浇水**

表土干燥时浇入足量的水，注意开花后使土壤保持湿润。

❹ **肥料（追肥）**

长出花蕾后开始施肥，之后根据生长状况适度施肥。

❺ **防病虫害**

初春易感染蚜虫，喷施油酸钠溶液可有 效抑制蚜虫。

❻ **收获**

当豆荚朝下，颜色变成褐色时就可收获了。

小知识

季节性蔬菜蚕豆

随着温室种植的普及，现在几乎所有蔬菜在任何季节都可以买到。番茄、黄瓜等一整年都在商店陈列着，但是，蚕豆是例外。

蚕豆是一种只有在春天到初夏这段时期才可买到的季节性蔬菜，是一种对温度的变化很敏感的蔬菜。

温暖地区到中间地区为秋季播种，可以安全越冬。寒冷地区的冬季特别严寒，因此要等到春天时才能播种。

Check! **播种**

10月下旬至11月上旬

1.准备种子（蚕豆）、育苗杯、土壤、钵底网。

2.底部铺设钵底网，育苗杯中放入土壤，每个育苗杯中播入2粒种子。一次用3个育苗杯，共6粒种子。

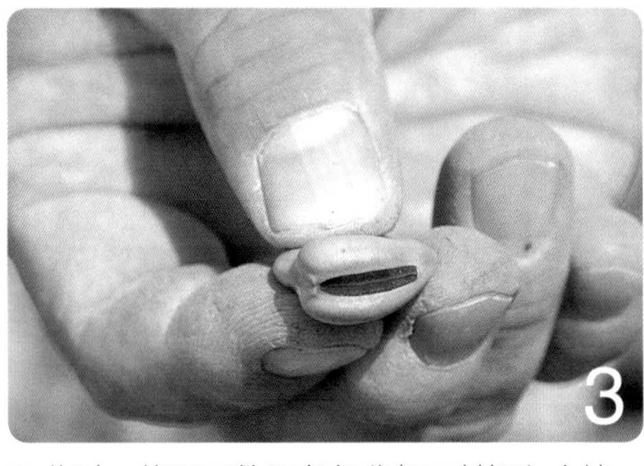

3.此时，将蚕豆的黑色部分朝下斜插入土壤，注意不要插入太深。

4.浇入足够的水。

栽种心得 不要将花盆放置在太平门

- 无论日照通风条件多么好，也不能将花盆放在公共住宅的太平门附近。
- 紧急出口处不要放置。
- 放置时要避开非常时期避难的场所。在喷施药剂时，要考虑风向。

Check! 间苗移植

播种后2～3周

需要准备的物品

1.育苗杯中的幼苗(本叶3～4枚)、花盆、土壤、钵底石、移植用小铁铲。

2.在大型花盆中放入钵底石，以遮盖住钵底网的程度为宜。

3.放入培养土，留出大约2厘米高度的空间用来浇水。

种植

4.从每杯育苗杯中将发育不良的一棵植株拔掉，留下一颗即可。

看一下间出的幼苗。就可以了解蚕豆的发芽方式。

5.在花盆中间隔20～25厘米挖3个小坑，将培育杯中的植株从育苗杯中拔起，种入小坑中。

6.浇入足量的水。

Check!

插架

移植后约 10 周

1.每株植株可发育几根嫩芽。这时准备长0.7～1米的支架，旋转插入其中。

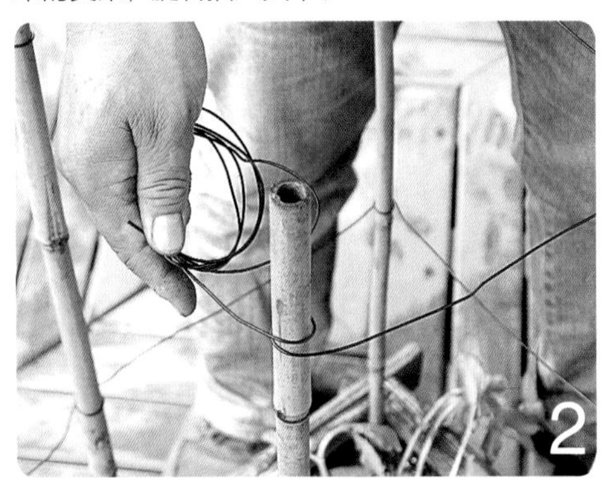

2.用铁丝和麻绳缠绕支架一周，呈灯笼状将支架固定牢固。

3.用麻绳将嫩芽固定在附近的支架上。

4.插架和引蔓完成。此作业等植株长到40厘米时完成。

整枝增土

插架后 2 ～ 3 周

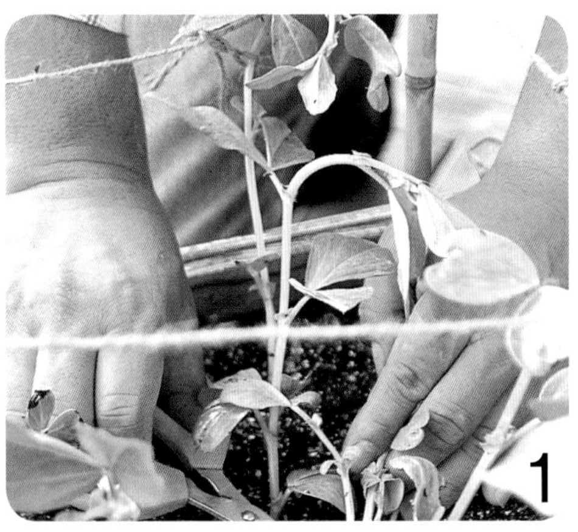

1.植株长到30～40厘米，长出6～7株嫩芽时，每株留下4枝嫩芽，其余的摘除。将柔弱的植株从根部剪切掉。

2.将每枝芽进行引蔓，这时土壤会减少，要添加土壤。

Check!

摘芯

整枝、增土后的 4 周

植株不断生长，长到70厘米时，为了促进果实的生长，要掐掉顶端，阻止其继续生长。此时还可以欣赏开花的乐趣。

欣赏美丽的花朵

白色的花朵像菜粉蝶，紫色的花朵像凤蝶。你一定会为其优雅的姿态而感动吧！

Check!

收获

摘芯后 3 ~ 4 周

上部的果实朝向天空，下部的果实受重量影响而向下生长。当低垂的果实的背部颜色变成褐色时，即进入收获时期。

享受刚收获的新鲜蚕豆的甘甜。

草莓

在花盆中种植草莓吧！那洁白可爱的花朵凋谢后，果实开始膨胀，并逐渐变红。即使只是用作观赏，也会让人产生一种恋恋不舍的感觉。

盆栽的要点

标准型号的花盆中植入 3 株。选择果菜类用土。在日照充足的地方栽培。草莓可以从种子开始栽培，会生长出一根叫作匍匐蔓的长蔓。移植时，要使这些蔓的方向一致，不要忘记浇水。

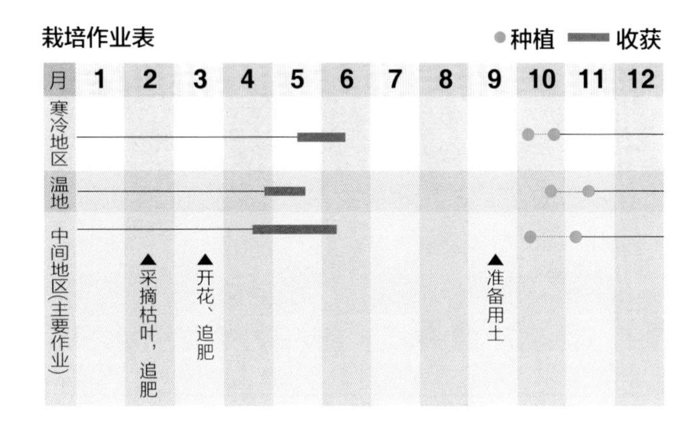

Check!

移植

10 月中旬 ~ 11 月上旬

1.幼苗、花盆、土壤、钵底石、移植用小铁铲。

2.放入钵底石和土壤，以20～25厘米的间隔放入幼苗，将根部的冠状部分覆盖少许。此时，使每株的匍匐蔓的方向一致。由于花朵和果实是在匍匐蔓相反的方向生长，因此应使这个方向向阳。

确定长蔓之后的生长。

开花，追肥

移植后 5 ~ 6 个月

1.草莓的白色花朵开放了。雄蕊和雌蕊可以通过昆虫进行授粉，如果找不到虫子，可以轻轻摇晃花朵，帮助其授粉。

2.此时，在根部追施一纸袋化肥（约10克），到了5月就可以陆续收获了。

好苗的选择方法

在附着叶子的根部的冠状部分粗壮的苗则为好苗。

瑞士甜菜

瑞士甜菜是颜色亮丽的时尚蔬菜，分别带有红色、橙色、黄色的茎。其食用方法与菠菜相同，适合于拌青菜和炒菜。间出的嫩苗可用于沙拉。

盆栽的要点

选择标准型号的花盆，土壤为叶菜用土壤。尽可能放置在日照充足的地方，半阴凉处也可生长。耐暑、耐寒和抗干燥的能力强，因此，除了冬季，从春季到秋季都适合播种，这意味着它有一个名字叫“不断草”。认真地间苗和追肥是栽培的重点。

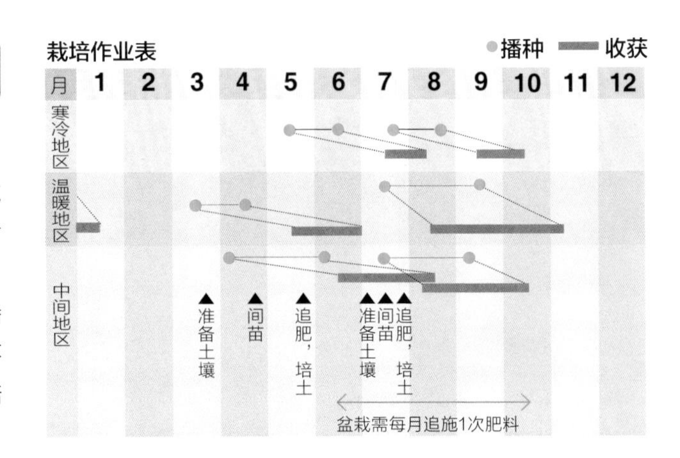

Check!

播种

9月上旬至10月
4月上旬至6月上旬

1.种子、花盆、土壤、钵底石、移植用小铁铲、勾画直线用的小棍。

2.放入钵底石和土壤，用小棍压出两条沟。在沟渠内隔1厘米处放入种子。

Check!

间苗

播种后约10天

每个种球可发出2～3枝芽，使植株的间距保持3厘米进行间苗，轻轻地培土。由于茎部会显现出不同的颜色，所以间苗时可考虑颜色的搭配，以达到预期的效果。

Check!

追肥·收获

播种后3～4个周

1.此时，在根部追施一纸袋化肥（约10克）。

2.用剪刀从根部剪切进行收获。

盆栽土壤的循环利用

收获后，花盆里的土壤该怎么处理呢？有很多人将其与枯枝一同当做“家庭垃圾”而丢弃，这是一种浪费。也有人原样回收反复使用，这样容易引起微量元素的缺乏和病虫害等栽培上的问题。从资源的循环利用角度来看，也应该将栽培结束后的土壤进行再利用。当然，容器也应该洗干净以备下次使用。考虑到园艺的栽培季节，该作业最好在下一年之前完成。

需要准备的物品：收获完成后的花盆，米糠（油渣），筛子，塑料袋，移植用小铁铲，剪刀，混合土壤的容器。

1.栽培完成后，使土壤 干燥，用筛子过滤掉粗大的土壤。去除掉粗大的根部和茎部，剩下的细小的根掺杂入土壤中也没有关系。此外，钵底的钵底石，收集起来洗干净后再使用。

2.往过滤后的土壤中加入米糠或油渣10%（标准花盆中为7%～8%），一边加水一边搅拌。水加到土壤湿润即可。

3.将2中的土壤放入塑料袋，密封，放于阳光充足的地方，放置1～2个月，在此期间，土壤微生物将细小根部分解，太阳的光线还可杀菌。

4.将此土壤与新的土壤（红玉土等基本土壤）以1：1的比例混合，1升土壤中加入3克左右化肥和石灰。营养成分和土壤酸度调整好后就可以使用了。

蔬菜的保存

蔬菜中富含维生素和矿物质，对我们的健康和营养有着重要的作用。蔬菜中80% ~ 95% 为水分，收获后长期放置会使新鲜度降低，并逐步变质、腐烂。特别是已枯萎的夏季蔬菜。

适应该要求，保存、贮藏、加工等技术不断发展。因此，蔬菜的利用期间延长，具有附加价值的食品开发也成为可能。此外，保存技术本身也成为了饮食文化的一部分，使我们的生活变得更加丰富多彩。

蔬菜栽培，不仅可以带来丰收的喜悦，对生活本身也是一种调节和滋润。

有时可以一次性收获到很多蔬菜，这时一定要注意保存加工。

● 冷藏

为了保持生鲜状态，在较低的温度下保存，即需要冷藏。在合适的湿度和温度下，夏季的蔬菜也可保存很长时间。

● 用盐腌渍（即腌菜）

利用盐分将细胞内的水分浸出，使调味成分从外部浸透到细胞内部，同时通过微生物的发酵作用将蛋白质和淀粉分解，生成氨基酸和乳酸，形成独特的风味。

如茄子、黄瓜等进行浅腌，是非常美味的菜肴。

● 用醋腌渍西式泡菜

可用于黄瓜、胡萝卜、番茄、洋葱等。用米糠酱腌渍的黄瓜、茄子、胡萝卜等，作为泡饭或下啤酒的小菜最合适不过了。

新鲜的蔬菜非常可口，经过加工后风味更佳，完全变成了另外一种食物。

蔬菜的种植日历表

此处仅就中间地区（关东，中部，近畿，中国）的种植时间进行了总结。
关于温暖地区和寒冷地区的各蔬菜的栽培时间表请参照刊载页。

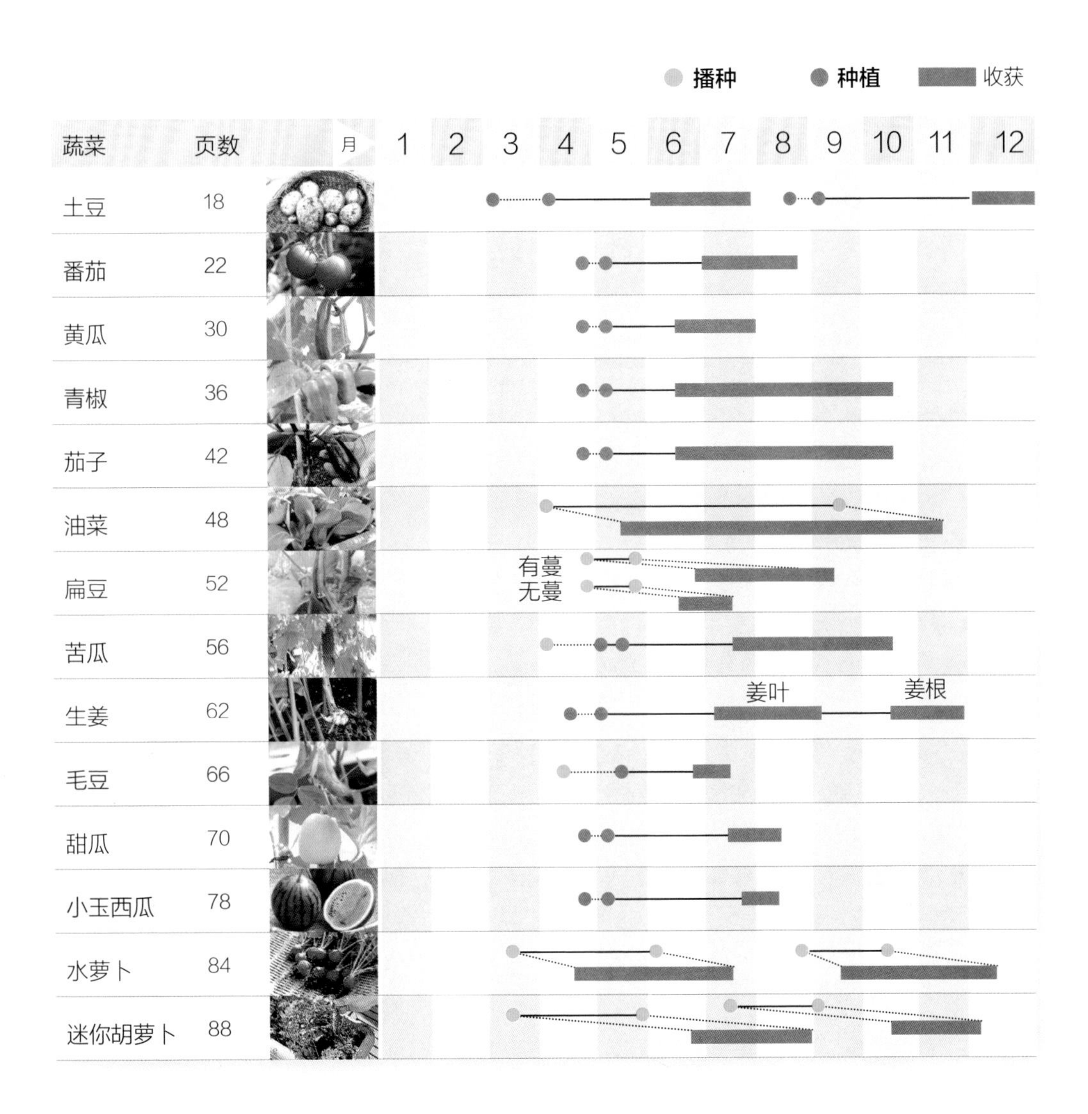

● 播种 ● 种植 ▬ 收获

	蔬菜	页数	月 1	2	3	4	5	6	7	8	9	10	11	12
香草类	罗勒	91												
香草类	芝麻菜	92												
香草类	迷迭香	94												
香草类	意大利芹	95												
香草类	百里香	96												
	迷你萝卜	98												
	菠菜	104												
	迷你白菜	108												
	茼蒿	114												
	水菜	120			小植株					小植株				
	小芜菁	124												
	叶用莴苣	130												
	洋葱	134					翌春收获	年内收获				翌春**收获**		
	冬葱	140												

● 播种　● 种植　▬ 收获

蔬菜	页数	月	1	2	3	4	5	6	7	8	9	10	11	12
芥菜	144													
豌豆角	150													
蚕豆	156													
草莓	162													
瑞士甜菜	164													

● 播种 ● 种植 ▬ 收获

荷兰芹

标准型花盆内种入3～4株。土壤选择叶菜用土。宜在半阴凉处栽种。种植后可持续收获2年。

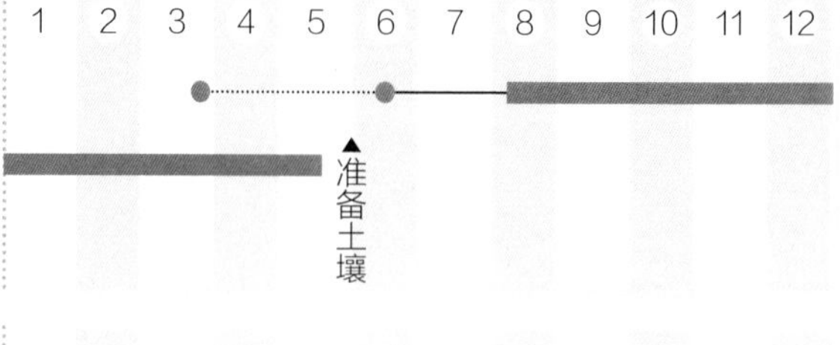

三叶草

标准型花盆内种入20株左右。土壤为叶菜用土。播种后要注意保持土壤的湿润。可收割三次。

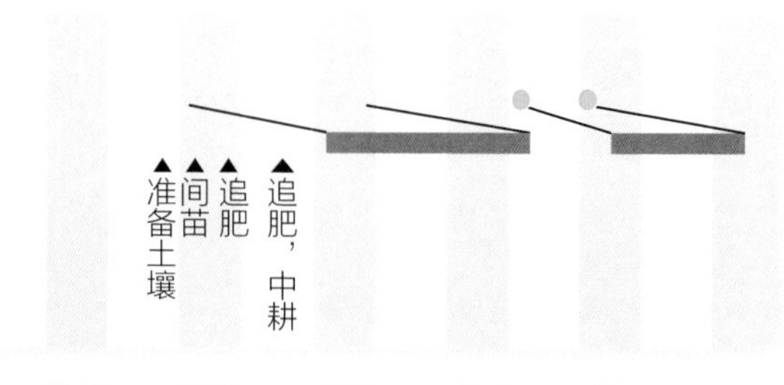

紫苏

标准型花盆内种入3株。土壤为叶菜用土。长到30～40厘米时从下面的叶子开始按顺序收获。

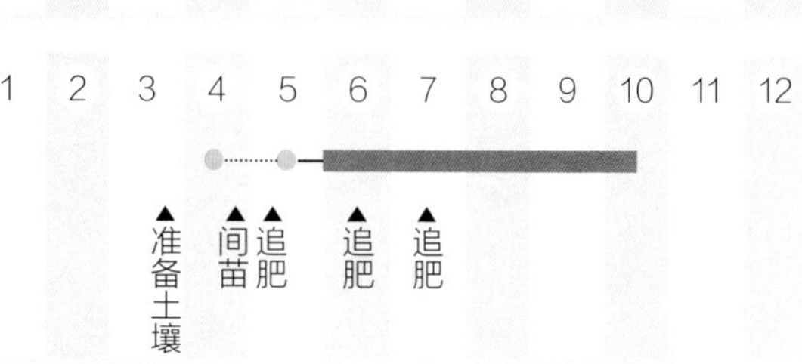

其他推荐的蔬菜

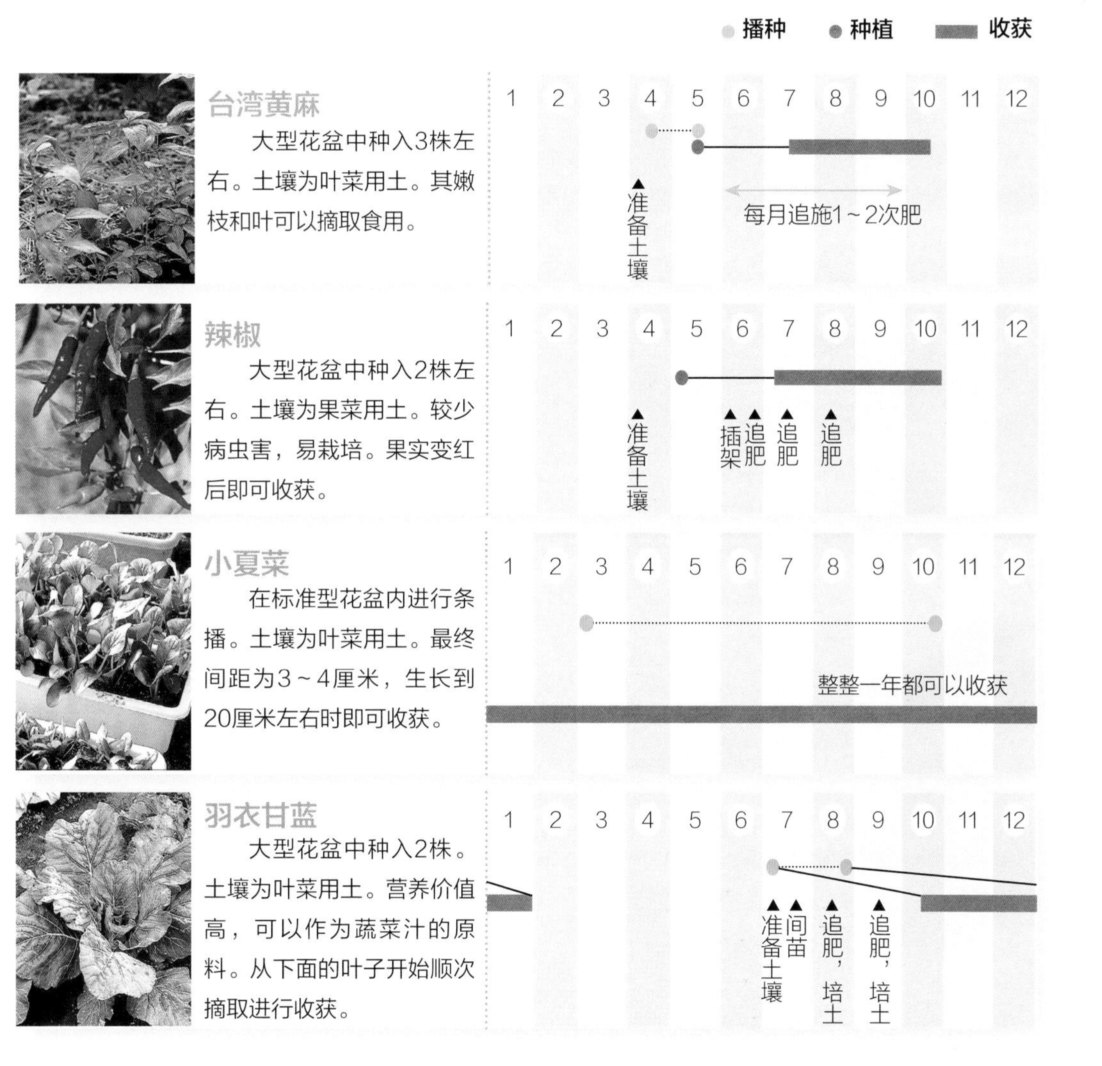
播种
种植
收获
台湾黄麻
大型花盆中种入3株左右。土壤为叶菜用土。其嫩枝和叶可以摘取食用。
1 2 3 4 5 6 7 8 9 10 11 12
准备土壤
每月追施1～2次肥
辣椒
大型花盆中种入2株左右。土壤为果菜用土。较少病虫害，易栽培。果实变红后即可收获。
1 2 3 4 5 6 7 8 9 10 11 12
准备土壤
插架
追肥
追肥
追肥
小夏菜
在标准型花盆内进行条播。土壤为叶菜用土。最终间距为3～4厘米，生长到20厘米左右时即可收获。
1 2 3 4 5 6 7 8 9 10 11 12
整整一年都可以收获
羽衣甘蓝
大型花盆中种入2株。土壤为叶菜用土。营养价值高，可以作为蔬菜汁的原料。从下面的叶子开始顺次摘取进行收获。
1 2 3 4 5 6 7 8 9 10 11 12
准备土壤
间苗
追肥，培土
追肥，培土

● 播种 ● 种植 ▬ 收获

苤蓝

点播后，在标准型花盆中移植入2～3株。土壤为叶菜用土。与卷心菜相同，其肥大的茎可以食用。当茎长大时追肥。

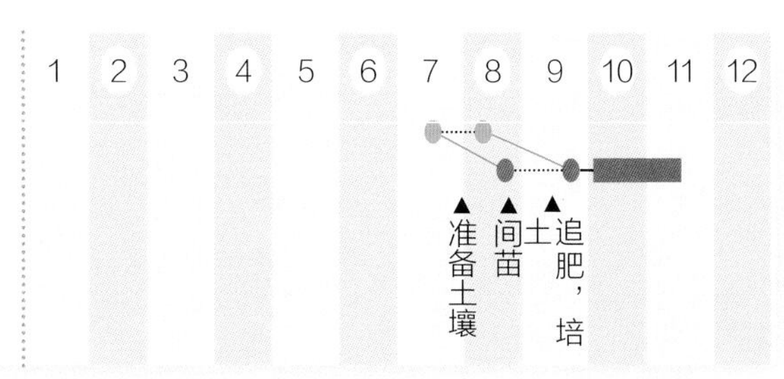

西蓝花

点播后，在大型花盆中植入2株。土壤为叶菜用土。将顶部花蕾摘芯以促进侧部花蕾的生长。

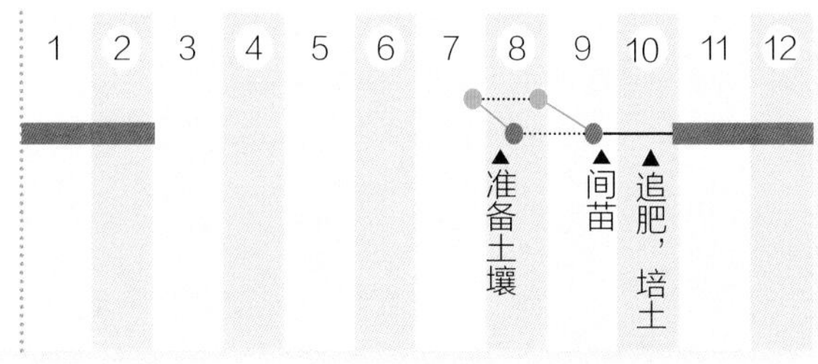

甜菜

在标准型花盆中进行条播，间苗促进其生长。土壤为根菜用土。其红色的根部可以食用。

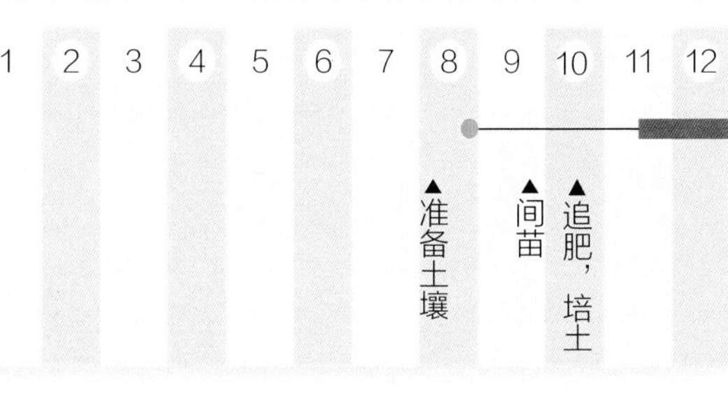

迷你南瓜

大型花盆中植入1株，灯笼状插架。雌花开放后授粉。每株可以收获3～4个迷你南瓜果实。

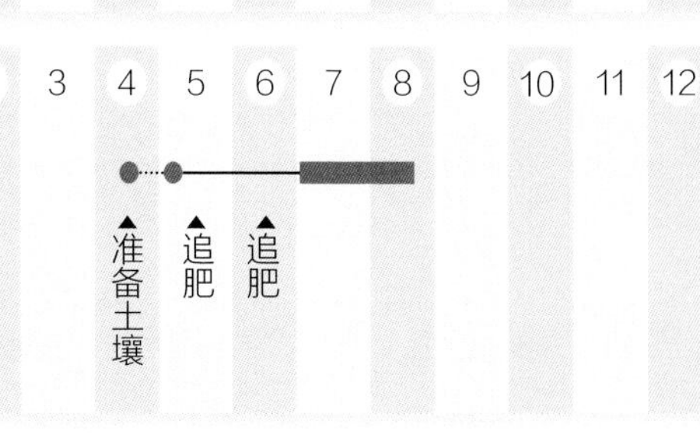

图书在版编目（CIP）数据

1平米的私家菜园 /（日）藤田智著；管婧译. -- 修订本. -- 南京：江苏凤凰科学技术出版社，2015.6
（含章·超图解系列）
ISBN 978-7-5537-3377-7

Ⅰ. ①1… Ⅱ. ①藤… ②管… Ⅲ. ①蔬菜园艺 - 图解 Ⅳ. ①S63-64

中国版本图书馆CIP数据核字(2014)第121510号

著作权合同登记号：图字 17-2012-145 号

1平米的私家菜园（最新修订版）

著　　者　藤田智
译　　者　管　婧
责任编辑　张远文　葛　昀
责任监制　曹叶平　周雅婷

出版发行　凤凰出版传媒股份有限公司
　　　　　江苏凤凰科学技术出版社
出版社地址　南京市湖南路1号A楼，邮编：210009
出版社网址　http://www.pspress.cn
经　　销　凤凰出版传媒股份有限公司
印　　刷　北京旭丰源印刷技术有限公司

开　　本　718mm×1000mm　1/16
印　　张　11
字　　数　250千字
版　　次　2015年6月第1版
印　　次　2015年6月第1次印刷

标准书号　ISBN 978-7-5537-3377-7
定　　价　39.80元

图书如有印装质量问题，可随时向我社出版科调换。